华晟经世"一课双师"校企融合系列教材

TD-SCDMA
移动通信技术

主编 ▶

-

肖 瑛　麦启明

刘 平　姜善永

-

U0277775

人民邮电出版社
北　京

图书在版编目(CIP)数据

TD-SCDMA移动通信技术 / 肖瑛等主编. -- 北京:
人民邮电出版社,2019.7
华晟经世"一课双师"校企融合系列教材
ISBN 978-7-115-51251-2

Ⅰ. ①T… Ⅱ. ①肖… Ⅲ. ①码分多址移动通信一通
信系统一高等学校一教材 Ⅳ. ①TN929.533

中国版本图书馆CIP数据核字(2019)第091972号

内 容 提 要

本教材全面介绍了 TD-SCDMA 移动通信技术。本书力求在 TD-SCDMA 移动通信技术基本原理、
应用等方面提供必要的信息,突出实际应用。

本教材分为 3 篇——基础篇、实战篇和拓展篇,共 13 个项目。基础篇为项目 1~项目 4,内容包
括 TD-SCDMA 系统、基本原理、关键技术、HSDPA 原理及关键技术。实战篇为项目 5~项目 10,内容
包括网络拓扑设计、OMC 网管操作、RNC 开局配置、B328 开局配置、ZXSDR B8300 开局配置、手机
互通。拓展篇为项目 11~项目 13,内容包括本地基站的开通以及典型的工程案例分析。

本教材可以作为电子信息类相关专业学生以及工程技术人员的教材和参考书。

◆ 主　　编　肖　瑛　麦启明　刘　平　姜善永
　　责任编辑　王建军
　　责任印制　彭志环

◆ 人民邮电出版社出版发行　　北京市丰台区成寿寺路 11 号
　　邮编　100164　　电子邮件　315@ptpress.com.cn
　　网址　http://www.ptpress.com.cn
　　涿州市京南印刷厂印刷

◆ 开本:787×1092　1/16
　　印张:19.5　　　　　　　　　　　2019 年 7 月第 1 版
　　字数:474 千字　　　　　　　　　2019 年 7 月河北第 1 次印刷

定价:66.00 元

读者服务热线:(010)81055493　印装质量热线:(010)81055316
反盗版热线:(010)81055315

前言

　　本教材是华晟经世教育面向 21 世纪应用型本科、高职高专学生以及工程技术人员所开发的系列教材之一。本教材以经世教育服务型专业建设理念为指引，同时贯彻 MIMPS 教学法、工程师自主教学的要求，遵循"准、新、特、实、认"五字开发标准，其中"准"即理念、依据、技术细节都要准确；"新"即形式和内容都要有所创新，表现、框架和体例都要新颖、生动、有趣，具有良好的读者体验，让人耳目一新；"特"即要做出应用型的特色和企业的特色，体现出校企合作在面向行业、企业需求人才培养方面的特色；"实"即实用，切实可用，既要注重实践教学，又要注重理论知识学习，做一本理实结合且平衡的实用型教材；"认"即做一本教师、学生及业界都认可的教材。我们力求使抽象的理论具体化、形象化，减少学生学习的枯燥感，激发学生的学习兴趣。

　　本教材在编写过程中，主要形成了以下特色。

　　1. "一课双师"校企联合开发教材。本教材是由华晟经世教育工程师、各个项目部讲师协同开发，融合了企业工程师丰富的行业一线工作经验、高校教师深厚的理论功底与丰富的教学经验，共同打造的紧跟行业技术发展、精准对接岗位需求、理论与实践深度结合以及符合教育发展规律的校企融合教材。

　　2. 以"学习者"为中心设计教材。教材内容的组织强调以学习行为为主线，构建了"学"与"导学"的逻辑。"学"是主体内容，包括项目描述、任务解决及项目总结；"导学"是引导学生自主学习、独立实践的部分，包括项目引入、交互窗口、思考练习、拓展训练。本教材强调动手和实操，以解决任务为驱动，做中学，学中做。本教材还强调任务驱动式的学习，可以让学习者遵循一般的学习规律，由简到难、循环往复、融会贯通，同时加强动手训练，在实操中学习更加直观和深刻。本教材还融入了最新的技术应用知识，使学习者能够结合真实应用场景来解决现实性的客户需求。

　　3. 以项目化的思路组织教材内容。本教材"项目化"的特点突出，列举了大量的项目案例，理论联系实际，图文并茂、深入浅出，特别适合于应用型本科院校学生、高职高专学生以及工程技术人员自学或参考。篇章以项目为核心载体，强调知识输入，经过问题的解决与训练，再到技能输出；采用项目引入、知识图谱、技能图谱等形式还原工作场景，展示项目进程，嵌入岗位、行业认知，融入工作的方法和技巧，传递一种解决问题的思路和理念。

本教材由肖瑛、麦启明、刘平、姜善永老师主编，毛炳妹进行编写和修订工作。在本教材的编写过程中，编者得到了华晟经世教育领导、高校领导的关心和支持，更得到了广大教育同仁的无私帮助及家人的温馨支持，在此向他们表示诚挚的谢意。由于编者水平和学识有限，书中难免存在不妥和错误之处，恳请广大读者批评指正。

编　者

2019 年 3 月

目录

基 础 篇

项目1　初识TD-SCDMA系统 ·· 3

　1.1　TD-SCDMA概述 ·· 4

　1.2　TD-SCDMA频谱分配 ··· 6

　1.3　TD-SCDMA标准演进 ··· 6

　1.4　项目总结 ·· 8

项目2　解析TD-SCDMA基本原理 ···································· 11

　2.1　TD-SCDMA物理层结构 ······································ 12

　　2.1.1　帧结构 ·· 12

　　2.1.2　时隙结构 ·· 13

　2.2　TD-SCDMA信道 ··· 15

　　2.2.1　传输信道 ·· 15

　　2.2.2　物理信道 ·· 17

　　2.2.3　信道的映射 ·· 19

　　2.2.4　物理层过程 ·· 20

　2.3　TD-SCDMA基带处理过程 ···································· 23

　　2.3.1　传输信道的编码与复用 ·································· 23

　　2.3.2　调制、扩频、加扰及脉冲形成 ···························· 26

　　2.3.3　TD-SCDMA的码资源 ···································· 28

　2.4　项目总结 ·· 30

项目3　探究TD-SCDMA关键技术 ···································· 33

　3.1　TDD技术 ·· 34

3.1.1 移动通信的工作方式 …… 34
3.1.2 TDD技术及优势 …… 34
3.2 智能天线技术与联合检测技术 …… 35
3.2.1 智能天线 …… 35
3.2.2 联合检测 …… 38
3.2.3 智能天线和联合检测技术的优势 …… 40
3.3 动态信道分配 …… 41
3.3.1 慢速动态信道分配技术 …… 41
3.3.2 快速动态信道分配技术 …… 42
3.4 接力切换 …… 43
3.4.1 切换技术 …… 43
3.4.2 接力切换技术 …… 44
3.5 快速功率控制 …… 46
3.5.1 功率控制的作用 …… 46
3.5.2 功率控制分类 …… 46
3.6 项目总结 …… 49

项目4 研习HSDPA原理及关键技术 …… 51
4.1 HSDPA原理 …… 52
4.1.1 HSDPA的平滑演进 …… 52
4.1.2 HSDPA 基本原理 …… 52
4.1.3 HSDPA 信道 …… 54
4.2 HSDPA关键技术 …… 56
4.2.1 AMC技术 …… 57
4.2.2 HARQ技术 …… 57
4.2.3 快速调度技术 …… 59
4.2.4 多载波捆绑技术 …… 59
4.3 项目总结 …… 60

实 战 篇

项目5 "深圳高新科技园"网络拓扑设计任务 …… 65
5.1 知识准备 …… 66
5.1.1 TD-SCDMA的网络结构 …… 66

　　　5.1.2　TD-SCDMA的网元组成 ································· 67

　5.2　典型任务 ·· 69

　　　5.2.1　任务描述 ··· 69

　　　5.2.2　任务分析 ··· 69

　　　5.2.3　任务步骤 ··· 70

　　　5.2.4　任务训练 ··· 70

　5.3　项目总结 ·· 70

项目6　OMC网管操作 ·· **73**

　6.1　知识准备 ·· 73

　6.2　典型任务 ·· 76

　　　6.2.1　任务描述 ··· 76

　　　6.2.2　任务分析 ··· 76

　　　6.2.3　任务步骤 ··· 76

　　　6.2.4　任务训练 ··· 82

项目7　RNC开局配置 ·· **83**

　7.1　知识准备 ·· 84

　　　7.1.1　RNC设备系统结构 ··· 84

　　　7.1.2　RNC内部数据流向 ··· 96

　　　7.1.3　RNC相关接口协议 ·· 100

　7.2　典型任务 ··· 105

　　　7.2.1　任务一：公共资源配置 ····································· 106

　　　7.2.2　任务二：物理设备配置 ····································· 109

　　　7.2.3　任务三：ATM通信端口配置 ································· 121

　　　7.2.4　任务四：局向配置 ··· 122

　　　7.2.5　任务五：创建Node B与服务小区 ··························· 134

　7.3　拓展训练 ··· 138

　7.4　工程现场一：部分站点断链 ··· 143

　　　7.4.1　故障现象 ·· 143

　　　7.4.2　故障分析 ·· 143

　　　7.4.3　RNC系统配置说明 ··· 144

　　　7.4.4　故障解决 ·· 145

　7.5　工程现场二：RNC传输故障 ··· 145

　　　7.5.1　故障现象 ·· 145

7.5.2 故障分析 ·· 145

7.5.3 故障解决 ·· 147

7.6 项目总结 ·· 147

项目8 B328开局配置 ·· **149**

8.1 知识准备 ·· 150

8.1.1 B328硬件系统 ·· 150

8.1.2 B328组网方式 ·· 157

8.1.3 B328系统配置说明 ·· 159

8.2 典型任务 ·· 161

8.2.1 任务一：物理设备配置 ····································· 161

8.2.2 任务二：ATM下的传输模块配置 ····························· 169

8.2.3 任务三：无线参数配置 ····································· 172

8.2.4 任务四：整表同步和增量同步 ······························· 173

8.3 拓展训练 ·· 174

8.4 工程现场一：RRU通信断链 ····································· 176

8.4.1 故障现象 ·· 176

8.4.2 故障分析 ·· 177

8.4.3 故障解决 ·· 177

8.5 工程现场二：小区建立失败 ····································· 177

8.5.1 故障现象 ·· 177

8.5.2 故障分析 ·· 177

8.5.3 故障解决 ·· 178

8.6 项目总结 ·· 178

项目9 ZXSDR B8300开局配置 ····································· **181**

9.1 知识准备 ·· 182

9.1.1 ZXSDR B8300硬件系统 ····································· 182

9.1.2 ZXSDR B8300系统配置说明 ································· 198

9.2 典型任务 ·· 202

9.2.1 任务一：模块配置 ··· 203

9.2.2 任务二：设备配置 ··· 205

9.2.3 任务三：传输模块配置 ····································· 212

9.2.4 任务四：无线模块配置 ····································· 216

9.2.5 任务五：整表同步和增量同步 ······························· 219

9.3　拓展训练 ··· 220

9.4　工程现场：IPOA断链 ·· 222

　　9.4.1　故障现象 ··· 222

　　9.4.2　故障分析 ··· 222

　　9.4.3　故障解决 ··· 223

9.5　项目总结 ··· 223

项目10　实现手机互通 ··· **225**

10.1　知识准备 ·· 225

10.2　典型任务 ·· 227

　　10.2.1　任务描述 ··· 227

　　10.2.2　任务分析 ··· 227

　　10.2.3　任务步骤 ··· 227

　　10.2.4　任务训练 ··· 234

10.3　工程现场一：CS域RAB指配失败 ································ 235

　　10.3.1　故障现象 ··· 235

　　10.3.2　故障分析 ··· 235

　　10.3.3　故障解决 ··· 235

10.4　工程现场二：PDP上下文激活失败 ······························ 235

　　10.4.1　故障现象 ··· 235

　　10.4.2　故障分析 ··· 235

　　10.4.3　故障解决 ··· 236

10.5　项目总结 ·· 236

拓 展 篇

项目11　本地基站的开通（B328） ································· **241**

11.1　知识准备 ·· 242

　　11.1.1　上电前检查的方法 ··· 242

　　11.1.2　LMT配置模式 ··· 242

11.2　典型任务 ·· 243

　　11.2.1　任务描述 ··· 243

　　11.2.2　任务分析 ··· 243

　　　　11.2.3　任务步骤 ··· 244
　　　　11.2.4　任务训练 ··· 250
　　11.3　工程现场：RRC连接建立失败 ··································· 252
　　　　11.3.1　故障现象 ··· 252
　　　　11.3.2　故障分析 ··· 253
　　　　11.3.3　故障解决 ··· 253
　　11.4　项目总结 ·· 254
项目12　本地基站的开通（B8300） ································ **257**
　　12.1　任务1：基站开通前的准备 ·· 258
　　　　12.1.1　上电前检查的方法 ·· 258
　　　　12.1.2　LMT配置模式 ··· 258
　　12.2　任务2：完成本地基站开通配置 ···································· 259
　　　　12.2.1　了解任务 ··· 259
　　　　12.2.2　分析任务 ··· 259
　　　　12.2.3　完成配置任务 ·· 260
　　12.3　项目总结 ·· 266
项目13　典型工程案例分析 ·· **269**
　　13.1　设备类故障 ·· 270
　　　　13.1.1　智能天线方位角错误导致覆盖出现盲区 ························ 270
　　　　13.1.2　基站RRU侧的驻波比告警 ·· 276
　　　　13.1.3　GPS规划不合理 ·· 280
　　13.2　传输类故障 ·· 284
　　　　13.2.1　深圳大梅沙铠甲光纤故障案例 ····································· 284
　　　　13.2.2　Node B侧E1接成"鸳鸯线"导致基站时通时断 ·········· 287
　　13.3　软件版本类故障 ·· 292
　　13.4　项目总结 ·· 294
附录A　英文缩略语 ··· **295**
附录B　参考文献 ··· **301**

基础篇

项目1　初识TD-SCDMA系统

项目2　解析TD-SCDMA基本原理

项目3　探究TD-SCDMA关键技术

项目4　研习HSDPA原理及关键技术

项目 1 初识 TD-SCDMA 系统

项目引入

我叫sam,是代维公司的网优工程师,我们项目组有10名同事并肩作战,分为三大板块。Wendy和我属于网优板块,Amy主管基站设备开通与维护,Jack主管核心网设备。Philip是我们项目的项目经理。

我刚入职,技能还有待进一步提升,我们组资深的网优工程师 Wendy 是我师父。

最近项目组接到一个中国移动的3G网优项目,今天我们将进行该项目的项目启动会,以便了解项目的整体情况,并对各个成员的工作职责有一个清晰的认识和了解,为日后协同开展工作做准备。

Philip：大家好,今天暮光之城移动网优项目正式启动,作为项目经理,我将负责项目的进度及分工。客户要求我们在3个月内把暮光之城的TD网络的指标优化好。时间紧、任务重,希望大家群策群力,一起做好这个项目。

Amy：我负责基站设备的维护以及需要做的调整。

Jack：我负责RNC与核心网数据的监控以及必要的修改。

Wendy：我和Sam负责路测数据采集及分析,以便调整设备或参数。

会议在项目经理 Philip 的主持下有条不紊地进行着,会上大家都明确了项目背景、项目总体要求、项目周期以及项目团队的情况。

会后 Wendy 对我说:"做网优就要精通理论和设备,你要好好学习啊!"

我满心期待地投入项目中。

知识图谱

图1-1为项目1的知识图谱。

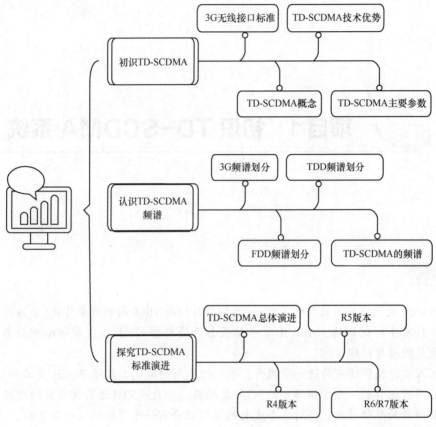

图1-1 项目1知识图谱

（1）识记：TD-SCDMA基本参数、主要技术特点及频谱分配。

（2）领会：TD-SCDMA的发展历程。

（3）应用：TD-SCDMA在我国的产业化现状。

1.1 TD-SCDMA 概述

1999年11月召开的国际电信联盟（ITU）芬兰会议确定了第三代移动通信无线接口技术标准，该标准于2000年5月举行的ITU-R 2000年全会上获最终批准通过。该标准包括码分多址（CDMA，Code Division Multiple Access）和时分多址（TDMA，Time Division Multiple Access）两大类五种技术。它们分别是：WCDMA、CDMA2000、CDMA TDD、UWC-136和EP-DECT，具体如图1-2所示。其中，前三种基于CDMA的技术为目前所公认的主流技术，它又分成频分双工（FDD，Frequency Division Duplex）和时分双工（TDD，Time Division Duplex）两种方式。CDMA TDD包括欧洲的UTRA TDD和我国提出的TD-SCDMA技术。

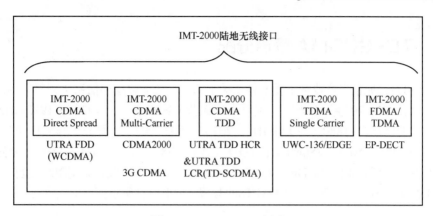

图1-2　IMT-2000RTT标准

TD-SCDMA是英文Time Division-Synchronous Code Division Multiple Access（时分同步码分多址）的简称，其接入方案是DS-CDMA（直接序列扩频码分多址），码片速率为1.28Mchip/s，扩频带宽为1.6MHz，采用不需配对频率的TDD（时分双工）工作模式。TD-SCDMA标准公开后在国际上引起了强烈的反响，具有以下明显的技术优势。

① 采用时分双工（TDD）技术，不需要成对的频段，频带利用率高。TD-SCDMA只需一个1.6MHz带宽，而FDD为代表的CDMA2000需要1.25×2 MHz带宽，WCDMA需要5×2MHz才能通信。同时，采用TDD技术更适合传输下行数据速率高于上行的非对称多媒体业务。

② 采用智能天线、联合检测和上行同步等大量先进技术，可以降低发射功率，减少多址干扰，提高系统容量，简化基站硬件，降低无线基站成本。

③ 采用"接力切换"技术，可以克服软切换大量占用资源的缺点。

表1-1所示为TD-SCDMA的主要参数。

表1-1　TD-SCDMA的主要参数

参数	内容
多址接入技术和双工方式	多址方式：TDMA/CDMA/FDMA/SDMA 双工方式：TDD
码片速率	1.28Mchip/s
帧长和结构	子帧：5ms 每帧7个主时隙，每时隙长675ms
占用带宽	小于1.6MHz
随机接入机制	在专用上行时隙的RACH突发
信道估计	通过训练序列实现
基站间的运行方式（同步、非同步）	同步

在结构上，TD-SCDMA与WCDMA的UMTS具有一样的网络结构，由CN（核心网）、UTRAN（通用陆地无线接入网）和UE（用户设备）三部分组成，各组成部分的功能都与WCDMA的功能大同小异。

▶▶ 1.2　TD-SCDMA 频谱分配

2002年10月，原信息产业部下发文件《关于第三代公众移动通信系统频率规划问题的通知》（信产部[2002]479号）中规定：主要工作频段（FDD方式：1920～1980MHz/2110～2170MHz；TDD方式：1880～1920MHz、2010～2025MHz）。补充工作频段（FDD方式：1755～1785MHz/1850～1880MHz；TDD方式：2300～2400MHz，与无线电定位业务共用）。从中可以看到TD-SCDMA标准得到了155MHz的频段，而FDD（包括WCDMA FDD和CDMA2000）共得到了2×90MHz的频段，如图1-3所示。

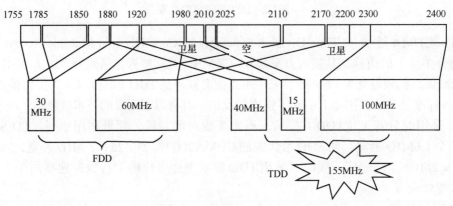

图1-3　中国3G频谱分配

▶▶ 1.3　TD-SCDMA 标准演进

由于ITU要求第三代移动通信的实现应从第二代系统平滑演进，而第二代系统又存在两大互不兼容的通信体制：GSM和CDMA，所以又出现了两种不同的主流演进趋势。一种是由欧洲ETSI、日本ARIB/TTC、美国T1、韩国TTA和中国CWTS为核心发起成立的3GPP组织，专门研究如何从GSM系统向3G演进；另一种是以美国TIA、日本ARIB/TTC、韩国TTA和中国CWTS为首成立的3GPP2组织，专门研究如何从CDMA系统向3G演进。3G标准化组织如图1-4所示。

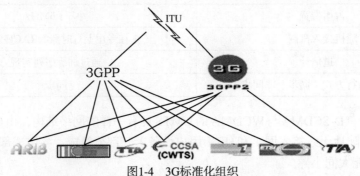

图1-4　3G标准化组织

3GPP定义3G技术规范最早的版本是R99。2001年3月，3GPP通过TD-CDMA的R4版本，TD-SCDMA成为了真正意义上的可商用国际标准。R4版本初步确定了未来发展的框架，部分功能进一步增强，并启动部分全IP演进内容。3GPP对TD-SCDMA技术规范定义的演进如图1-5所示。

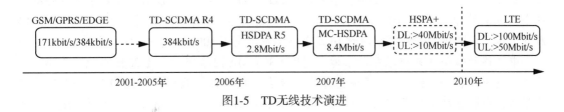

图1-5　TD无线技术演进

R5是全IP方式的第一个版本，其核心网的控制和业务分离、IP化将从核心网逐步延伸到无线接入部分和终端。R5版本的特点表现在以下几个方面：①R5是全IP方式的第一个版本；②控制与承载分离、控制和业务分离；③引入了HSDPA（高速下行分组接入）技术，下行峰值速率大大提升，但上行链路速率并未明显变化。

R6引入了HSUPA（高速上行分组接入）技术，采用更高效的上行链路调度以及更快捷的重传控制，大大提升了上行链路速度。

R7在R6基础上进行了增强，无线接入网方面主要提出了HSPA+（HSPA的增强与演进）的概念。通过引入MIMO、高阶调制、干扰删除等技术，无线接入网传输性能进一步提高。

迫于WiMAX等技术的竞争压力，3GPP在R8版本正式启动了长期演进（LTE）与系统架构演进两大重要项目的标准制定。在无线接入网方面，将系统的下行峰值速率提高至百兆以上。

R9版本与R8版本相比，对LTE与WiMAX系统间的单射频切换优化等课题进行了标准化。此外，也将开展一些新课题的研究与标准化工作。

大开眼界

TD-SCDMA的演进可以分为短期演进和长期演进。

短期演进是指为了支持高速数据业务提出的HSPA（高速分组接入）技术，主要包括R5提出的HSDPA和R6提出的HSUPA，可视为3.5G技术。

长期演进则是基于正交频分复用（OFDM）技术，OFDM系统的最主要优点是具有高频谱利用率和很强的抗多径时延能力。同时，基于"扁平化"的网络结构可以减少时延并且快速自适应无线状况。

知识扩展

中国移动3G（TD-SCDMA）的发展史

2009年1月7日，工业和信息化部正式发放了3张3G牌照，标志着我国移动通信产业全面进入3G时代。因此，2009年也被称为我国真正的"3G元年"。其实，TD-SCDMA作为我国具有自主知识产权的3G标准，早就由中国移动开始了试商用。

2006年2月至8月，青岛、厦门、保定三大城市开始建设TD-SCDMA试验网。2007年1月，北京、上海、天津、沈阳、秦皇岛、广州、深圳、厦门等10座城市也投资建设了TD-SCDMA试验网一期工程。随后，2008年8月，中国移动又启动了第二阶段的TD-SCDMA网络建设，将TD覆盖范围扩大至各省会城市。在此基础上，2009年1月TD网络三期工程启动，三期工程新建200多个地市的TD-SCDMA网络，建成后覆盖地市将达238个，占全国地级城市数量的70%以上，网络基站总数超过8万个。目前中国移动TD-SCDMA四期工程已经完成，基站总数超过16万个，实现了全国100%地市的3G网络覆盖。

中国移动携手中兴通讯在北京地区对TD-SCDMA网络布局，为2008年北京奥运提供了优质的3G网络服务，受到了海内外客户及合作伙伴的一致好评。2009年1月7日，3G牌照后，中国移动发布了"G3"作为业务标识，并推出了专属188号段。之后，通过对现有GSM网络的升级改造，完成了TD-SCDMA与2G网的核心网融合工程，在网络建设的同时，网络质量也得到不断优化。

与2G相比，3G的最大优势就在于基于超高带宽的丰富应用。移动G3业务包括可视电话、视频留言、视频会议、彩信、彩铃、手机报、数据上网、语音杂志等20多种丰富多彩的业务。从外，G3无线上网数据卡也让用户拥有更多移动宽带业务的选择，享受更完美的移动宽带体验。

TD-SCDMA已在全国形成完整的产业链和市场。2002年成立的TD-SCDMA产业联盟已由最初的7家成员企业，发展到今天包括中兴、华为、大唐电信、京信、普天等在内的40多家企事业单位，覆盖了TD-SCDMA产业链从系统、芯片、终端到测试仪表的各个环节，从事TD-SCDMA标准及产品的研究、开发、生产、制造和服务。TD-SCDMA产业联盟主要围绕TD-SCDMA技术进行标准的推进与完善以及产业的管理和协调，促进企业间资源共享和互惠互利，建议政府制定有利于TD-SCDMA发展的重大产业政策，提升联盟内通信企业的群体竞争力。TD-SCDMA产业联盟内部贯彻统一的知识产权管理政策，技术信息和市场资讯高度共享，通过密切的沟通，合理的分工，推动TD-SCDMA产业快速健康发展，这一点已成为产业联盟内部的共识。

▶▶1.4 项目总结

本项目是认识TD-SCDMA的第一步。通过本项目的学习，我们知道了TD-SCDMA的概念，了解了它的前世今生，最重要的是我们还知道了它的频谱分配。

项目总结如图1-6所示。

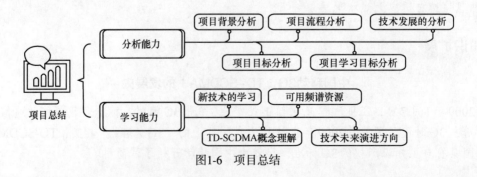

图1-6　项目总结

实践活动

调研TD-SCDMA产业化现状

1. 实践目的

① 熟悉我国TD-SCDMA的产业化情况。

② 了解TD-SCDMA作为我国3G主流技术之一所带来的影响。

2. 实践要求

各学员通过调研、搜集网络数据、分组讨论等方式完成。

3. 实践内容

① 调研我国TD-SCDMA技术产业联盟情况。

② 调研中国移动TD-SCDMA发展情况，完成下面内容的补充。

• 时间。

• 用户数。

• 设备总投资。

• 供应商。

③ 分组讨论：针对TD-SCDMA作为我国3G主流标准之一所带来的影响，学员从正反两个角度进行讨论，提出TD-SCDMA产业化的利与弊。

过关训练

1. 填空题

（1）TD-SCDMA的全称是_____。

（2）TD-SCDMA采用的多址技术有_____、_____、_____、_____。

（3）TDD模式共占用核心频段_____，补充频段_____，单载波带宽_____，可供使用的频点有_____个。因此，TD-SCDMA系统的频率资源丰富。

2. 单选题

（1）TD-SCMDA在（   ）阶段成为国际标准。

    A. R99   B. R4   C. R5   D. R6

（2）TD-SCDMA码片速率为（   ）。

    A. 1.28Mchip/s   B. 3.84Mchip/s   C. 1.28Mchip/s   D. 3.84Mchip/s

（3）TD-SCDMA系统的双工方式是（   ）。

    A. TDD   B. FDD   C. TDD+FDD   D. 其他

3. 简答题

（1）ITU提出的4种3G国际标准分别是什么？

（2）TD-SCDMA有哪些特点？

（3）简述TD-SCDMA各个版本的主要技术演进。

项目2 解析 TD-SCDMA 基本原理

项目引入

我还是名新人，一直在想如何才能更快地熟悉网优的工作。Wendy 的一句话打消了我的疑虑，"我们先学习最基础的知识。如果你想做好数据分析工作，发现网络里面的问题并解决它，那就踏实从它最基础的原理开始学习吧。"

于是我开启了学习 TD-SCDMA 基本原理的征程。

知识图谱

图2-1为项目2的知识图谱。

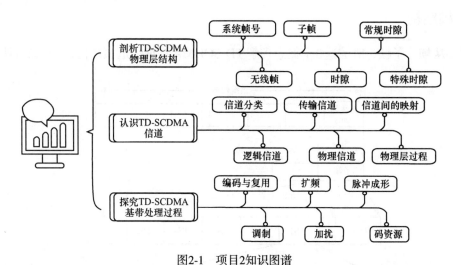

图2-1 项目2知识图谱

学习目标

（1）识记：TD-SCDMA 无线帧结构、时隙结构。

（2）领会：TD-SCDMA 物理信道、物理层过程。

（3）应用：TD-SCDMA 信道的应用。

▶▶2.1 TD-SCDMA 物理层结构

TD-SCDMA 系统的多址方式很灵活，可以看作是 FDMA、TDMA、CDMA 等的有机结合，因此，描述 TD-SCDMA 的物理信道会用到频率、时隙、码和无线帧等参量，如图 2-2 所示。

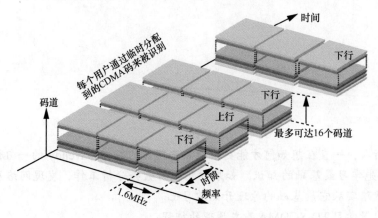

图2-2 TD-SCDMA多址技术

TD-SCDMA 的基本物理信道采用系统帧号、无线帧、子帧、时隙/码 4 层结构。系统使用时隙和码道在时隙和码域上区分不同的用户。

2.1.1 帧结构

需要从帧、子帧、时隙这 3 个概念理解 TD-SCDMA 物理信道帧结构，如图 2-3 所示。

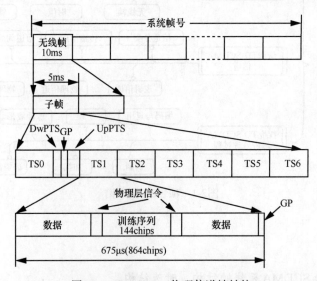

图2-3 TD-SCDMA物理信道帧结构

1. 帧

3GPP定义一个TD-SCDMA帧长度为10ms。

2. 子帧

为了实现快速功率控制、智能天线、上行同步等新技术，TD-SCDMA系统将一个10ms的帧分成两个结构完全相同的子帧，每个子帧的时长为5ms。

3. 时隙

每个子帧分为7个常规时隙和3个特殊时隙。7个常规时隙分别是TS0～TS6，用作传送用户数据或控制信息。3个特殊时隙分别是DwPTS（下行导频时隙）、GP（保护时隙）和UpPTS（上行导频时隙）。

4. 时隙转换点

在7个常规时隙中，TS0总是分配给下行链路，而TS1总是分配给上行链路。上行时隙和下行时隙之间由转换点分开，在TD-SCDMA系统中，每个5ms的子帧有两个转换点（UL到DL和DL到UL）。通过灵活配置上下行时隙的个数，TD-SCDMA适用于上下行对称及非对称的业务模式。图2-4所示为对称分配和不对称分配的示意。

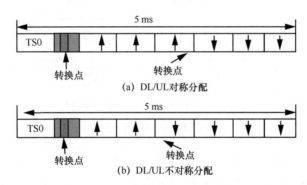

图2-4 TD-SCDMA对称分配和不对称分配的示意

2.1.2 时隙结构

时隙包括常规时隙和特殊时隙。

2.1.2.1 常规时隙

1. 常规时隙构成

7个常规时隙（TS0～TS6）被用作传输用户数据或控制信息，它们具有完全相同的时隙结构。每个时隙被分成了4个域：两个数据域、一个训练序列（Midamble）域和一个保护时隙（GP），如图2-5所示。

图2-5 常规时隙

数据域由两段长度为352chips的域构成，用于承载来自传输信道的用户数据或高层控制信息，除此之外，在专用信道和部分公共信道上，数据域的部分数据符号还被用来承载物理层信令。

训练序列（Midamble）域长144chips，作用体现在上下行信道估计、功率测量、上行同步保持。传输时训练序列码不进行基带处理和扩频，直接与经基带处理和扩频的数据一起发送，在信道解码时它被用作进行上下行信道估计和功率测量。

保护时隙（GP，Guard Period）长16chips，位于常规时隙尾部，用作时隙保护。

2. 物理层信令

物理层信令位于常规时隙的数据域，分为TFCI、TPC和SS 3种。

TFCI（Transport Format Combination Indicator）用于指示传输的格式，TPC（Transmit Power Control）用于功率控制，SS（Synchronization Shift）是TD-SCDMA系统中所特有的，用于实现上行同步，该控制信号每个子帧（5ms）发射一次。在一个常规时隙的突发中，如果物理层信令存在，则它们的位置紧靠训练序列，如图2-6所示。

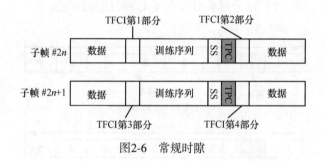

图2-6 常规时隙

训练序列用作扩频突发的训练序列，在同一小区同一时隙上的不同用户所采用的训练序列码由同一个基本的训练序列码经循环移位后产生。整个系统有128个长度为128chips的基本训练序列码，分成32个码组，每组4个。一个小区采用哪组基本训练序列码由小区决定，当建立起下行同步之后，移动台就知道所使用的训练序列码组。基站决定本小区将采用这4个基本训练序列中的哪一个。一个载波上的所有业务时隙必须采用相同的基本训练序列码。原则上，训练序列的发射功率与同一个突发中的数据符号的发射功率相同。

2.1.2.2 特殊时隙

特殊时隙包括DwPTS（下行导频时隙）、UpPTS（上行导频时隙）和GP（保护时隙）。

1. 下行导频时隙

下行导频时隙是为建立下行导频和同步而设计的。这个时隙通常是由长度为64chips的SYNC_DL和32chips的保护码间隔组成，如图2-7所示。SYNC-DL是一组PN码，用于区分相邻小区，系统中定义了32个码组，每组对应一个SYNC-DL序列，SYNC-DL码集在蜂窝网络中可以复用。

图2-7 下行导频时隙

DwPTS的发射，要满足覆盖整个区域的要求，因此不采用智能天线赋形。将DwPTS放在单独的时隙，一方面是便于下行同步的迅速获取，另一方面也可以减小对其他下行信号的干扰。

2. 上行导频时隙

上行导频时隙是为上行同步而设计的，当UE处于空中登记和随机接入状态时，它将首先发送UpPTS，当得到网络的应答后，发送RACH。这个时隙通常由长度为128chips的SYNC_UL和32chips的保护间隔组成，如图2-8所示。

图2-8 上行导频时隙

SYNC_UL是一组PN码，用于在接入过程中区分不同的UE。整个系统有256个不同的SYNC_UL，分成32组，以对应32个SYNC_DL码，每组有8个不同的SYNC_UL码，即每一个基站对应于8个确定的SYNC_UL码。当UE在建立上行同步时，将从8个已知的SYNC_UL中随机选择1个，并根据估计的定时和功率值在UpPTS中发射。

3. 保护时隙

保护时隙是在基站侧由发射向接收转换的时间间隔；时长为75μs（96chips），主要用于下行到上行转换的保护：在小区搜索时，确保DwPTS可靠接收，防止干扰上行；在随机接入时，确保UpPTS可以提前发射，防止干扰下行。另外从理论上确定基本的基站覆盖半径：96chip对应的距离变化是：L={V×96/1.28M}km，V代表光速（$3×10^8$m/s），因此基站覆盖半径为L/2=11.25km。

▶▶ 2.2 TD-SCDMA 信道

TD-SCDMA系统中，存在逻辑信道、传输信道和物理信道三种信道模式。

逻辑信道描述传送信息的类型。

传输信道描述信息在空中接口传输的方式。

物理信道直接承载要传输的信息。

本章仅介绍传输信道、物理信道的特性以及传输信道到物理信道的映射。

2.2.1 传输信道

传输信道作为物理信道提供给高层的服务，通常分为两类：一类为专用信道，此类信道上的信息在某一时刻只发送给单一的用户；另一类为公共信道，通常此类信道上的消息是发送给所有用户或一组用户的，但是在某一时刻，该信道上的信息也可以针对单一用户，这时需要UE ID识别。传输信道分类如图2-9所示。

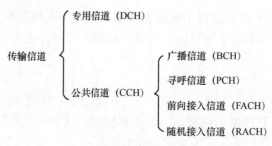

图2-9　传输信道分类

2.2.1.1 专用信道（DCH）

专用传输信道仅存在一种，即专用信道，是一个上行或下行传输信道。

2.2.1.2　公共信道（CCH）

1. 广播信道（BCH）

BCH是一个下行传输信道，用于广播系统和小区的特定消息。

2. 寻呼信道（PCH）

PCH是一个下行传输信道，当系统不知道移动台所在的小区时，用于发送给移动台的控制信息。PCH总是在整个小区内进行寻呼信息的发射，与物理层产生的寻呼指示的发射是相随的，以支持有效的睡眠模式，延长终端电池的使用时间。

3. 前向接入信道（FACH）

FACH是一个下行传输信道；用在随机接入过程，UTRAN收到了UE的接入请求，可以确定UE所在小区的前提下，向UE发送控制消息。有时也可以使用FACH发送短的业务数据包。

4. 随机接入信道（RACH）

RACH是一个上行传输信道，用于向UTRAN发送控制消息，有时，也可以使用RACH来发送短的业务数据包。

学习小贴士

传输信道的一些基本概念

传输时间间隔（Transmission Time Interval, TTI）为一个传输块集合到达的时间间隔，等于在无线接口上物理层传送一个传输块集所需的时间。在每一个TTI内MAC子层送一个传输块集到物理层。

传输格式组合（Transport Format Combination，TFC）为一个或多个传输信道复用到物理层，对于每一个传输信道，都有一系列传输格式（传输格式集）可使用。对于给定的时间点，不是所有的组合都可应用于物理层，而只是它的一个子集，这就是TFC。它定义为当前有效传输格式的指定组合，这些传输格式能够同时提供给物理层，用于UE侧编码复用传输信道（CCTrCH）的传输，即每一个传输信道包含一个传输格式。

传输格式组合指示（Transport Format Combination Indicator，TFCI）是当前TFC的一种表示。TFCI的值和TFC是一一对应的，TFCI用于通知接收侧当前有效的TFC，即如何解码、解复用以及在适当的传输信道上递交接收到的数据。

2.2.2　物理信道

　　物理信道根据其承载的信息不同而分为不同的类别，有的物理信道用于承载传输信道的数据，而有些物理信道仅用于承载物理层自身的信息。物理信道也分为专用物理信道和公共物理信道两大类。如图2-10所示。

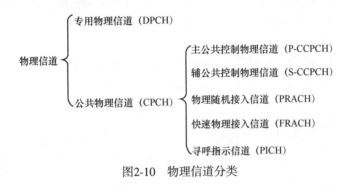

图2-10　物理信道分类

2.2.2.1　专用物理信道

　　专用物理信道（Dedicated Physical CHannel，DPCH）用于承载来自专用传输信道（DCH）的数据。

　　专用物理信道支持上下行数据传输，下行通常采用智能天线进行波束赋形。DPCH可以位于频带内的任意时隙和任意允许的信道码，信道的存在时间取决于承载业务类别和交织周期。一个UE可以在同一时刻被配置多条DPCH，若UE允许多时隙能力，这些物理信道还可以位于不同的时隙，如图2-11所示。

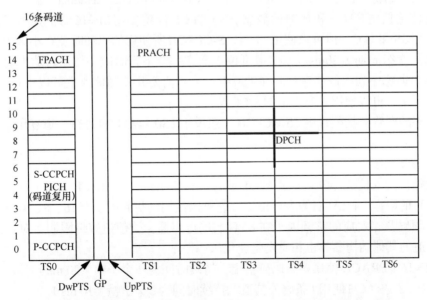

图2-11　TD-SCDMA物理信道与时隙/码的对应关系（R4版本）

2.2.2.2 公共物理信道

根据所承载传输信道的类型，公共物理信道（Common Physical Channel，CPCH）可划分为一系列的控制信道和业务信道。在3GPP的定义中，所有的公共物理信道都是单向的（上行或下行）。

1. 主公共控制物理信道

主公共控制物理信道（Primary Common Control Physical CHannel，P-CCPCH）仅用于承载来自传输信道BCH的数据，提供全小区覆盖模式下的系统信息广播，不进行波束赋形。在TD-SCDMA中，P-CCPCH的位置（时隙/码）是固定的（TS0）。P-CCPCH总是采用固定扩频因子SF = 16的0、1码道。

P-CCPCH不支持TFCI。在时隙0（TS0）中，训练序列码$m^{(1)}$和$m^{(2)}$预留给P-CCPCH以支持空码传输分集（Space Code Transmit Diversity，SCTD）和信标功能。

📖 学习小贴士

SF（扩频因子）

在TD-SCDMA系统中，使用OVSF（正交可变扩频因子）作为扩频码，上行方向的扩频因子1、2、4、8、16，下行方向的扩频因子为1、16。使用OVSF扩频码可以使同一时隙下的扩频码有不同的扩频因子，但是扩频码之间仍然保持正交。

信标信道

在一些特定位置（时隙、码）的物理信道具有一些特定的特性，称之为信标特性。具有信标特性的物理信道称为信标信道。

---

2. 辅公共控制物理信道

辅公共控制物理信道（Secondary Common Control Physical CHannel，S-CCPCH）用于承载来自传输信道FACH和PCH的数据。S-CCPCH固定使用SF=16的扩频因子，不使用物理层信令SS和TPC，但可以使用TFCI，S-CCPCH所使用的码和时隙在小区中广播，信道的编码及交织周期为20ms。该信道可位于任意一个下行时隙，使用时隙中的任意一对码分信道和训练序列码位移序列。在TS0中，主、辅公共控制信道也可以进行时分复用。在一个小区中，可以使用一对以上的S-CCPCH。

在中兴的网管数据配置中，S-CCPCH一般位于TS0，与PICH进行码道复用。如图2-11所示。

3. 物理随机接入信道

物理随机接入信道（Physiacal Random Access CHannel，PRACH）用于承载来自传输信道RACH的数据。PRACH为上行信道，它可以使用的扩频因子有16、8、4。PRACH可采用的扩频码及相对应的扩频因子在BCH上进行广播。受信道容量限制，对不同的扩频因子，信道的其他结构参数也相应发生变化。

① SF=16：PRACH使用两条码分信道，持续时间为4个子帧（20 ms）。

② SF=8：PRACH使用1条码分信道，持续时间为2个子帧（10 ms）。

③ SF=4：PRACH使用1条码分信道，持续时间为1个子帧（5 ms）。

PRACH可位于任意一个上行时隙，使用任意允许的信道化码和训练序列码位移序列。小区中配置的PRACH（或SF=16时的信道对）数目与FPACH的数目有关，两者配对使用。传输信道RACH的数据不与来自其他传输信道的数据编码组合，因而PRACH上没有TFCI，也不使用SS和TPC控制符号。

在中兴的网管数据配置中，PRACH一般位于TS1，如图2-11所示。

4. 快速物理接入信道

快速物理接入信道（Fast Physical Access CHannel，FPACH）不承载传输信道信息，因而与传输信道不存在映射关系。基站使用FPACH来响应在UpPTS时隙收到的UE接入请求，调整UE的发送功率和同步偏移。FPACH的扩频因子SF=16，单子帧交织，信道的持续时间为5 ms，数据域内不包含SS和TPC物理层信令。因为FPACH不承载来自传输信道的数据，也就不需要使用TFCI。小区中配置的FPACH数目以及时隙、信道化码、训练序列码位移等信息由系统信息广播。

在中兴的网管数据配置中，FPACH一般位于TS0的14码道，如图2-10所示。

5. 寻呼指示信道

寻呼指示信道（Paging Indicator CHannel，PICH）不承载传输信道的数据，但却与传输信道PCH配对使用，用以指示特定的UE是否需要解读其后跟随的PCH（映射在S-CCPCH上）。PICH固定使用扩频因子SF=16。一个完整的PICH由两条码分信道构成，与S-CCPCH进行时分复用。信道的持续时间为两个子帧（10 ms）。PICH配置所需的物理层参数、信道数目以及信道结构等信息由系统信息广播。

2.2.3 信道的映射

在系统的逻辑分层中，低层信道承载高层信道，高层信道映射在低层信道。

在TD-SCDMA中，传输信道和部分物理信道之间存在映射关系，传输信道映射在物理信道上，物理信道承载传输信道，两者之间是"映射"与"承载"的关系，具体见表2-1。

表2-1 TD-SCDMA传输信道和物理信道间的映射关系

传输信道	物理信道
专用信道（DCH）	专用物理信道（DPCH）
广播信道（BCH）	主公共控制物理信道（P-CCPCH）
寻呼信道（PCH）	辅公共控制物理信道（S-CCPCH）
前向接入信道（FACH）	辅公共控制物理信道（S-CCPCH）
随机接入信道（RACH）	物理随机接入信道（PRACH）
	下行导频信道（DwPCH）
	上行导频信道（UpPCH）
	寻呼指示信道（PICH）
	快速物理接入信道（FPACH）

按3GPP规定，只有映射到同一物理信道的传输信道才能够进行编码组合。由于PCH和FACH都映射到S-CCPCH，因此来自PCH和FACH的数据可以在物理层进行编码组合

生成CCTrCH。其他的传输信道数据都只能自身组合而成，而不能相互组合。另外，BCH和RACH由于自身性质的特殊性，也不可能进行组合。

2.2.4 物理层过程

在TD-SCDMA系统中，实现手机通信的很多技术需要物理层的支持，这种支持体现为相关的物理层处理，如小区搜索、上行同步、随机接入等。

2.2.4.1 小区搜索过程

在初始小区搜索中，UE搜索到一个小区，并检测其所发射的DwPTS，建立下行同步，获得小区扰码和基本训练序列码，控制复帧同步，然后读取BCH信息。

初始小区搜索按以下步骤进行。

1. 搜索 DwPTS

移动台接入系统的第一步是获得与当前小区同步。该过程是通过捕获小区下行导频时隙DwPTS中SYNC_DL来实现的。系统中相邻小区的下行同步码互不相通，不相邻小区的下行同步码可以复用。

按照TD-SCDMA的无线帧结构，下行同步码在系统中每5ms发送一次，并且每次都用全向天线以恒定满功率值发送该信息。移动台接入系统时，对32个下行同步码进行逐一搜索，即用接收信号与32个可能的下行同步码逐一做相关运算，由于该码字彼此间具有很好的正交性，获取相关峰值最大的码字被认为是当前接入小区使用的下行同步码。同时，根据相关峰值的时间位置也可以初步确定系统下行的定时。

2. 扰码和基本训练序列码识别

UE接收到位于DwPTS时隙之前的P-CCPCH上的训练序列。每个下行同步码对应一组4个不同的基本训练序列，因此共有128个互不相同的基本训练序列，并且这些码字相互不重叠。基本训练序列的编号除以4就是SYNC_DL码的编号。因此，32个SYNC_DL和P-CCPCH的32组训练序列一一对应，一旦下行同步码检测，UE就会知道是哪4个基本的训练序列序号被使用，然后UE只需要通过分别使用这4个基本训练序列进行符号到符号的相关性判断，就可以确定该基本训练序列是4个码中的哪一个。在一帧中使用相同的基本训练序列。而每个扰码和特定的训练序列相对应，因此就可以确定扰码。根据搜索训练序列结果，UE可以进行下一步或返回到第一步。

3. 控制复帧同步

UE搜索P-CCPCH的广播信息中的复帧主指示块（Master Indication Block，MIB）。为了正确解出BCH中的信息，UE必须要知道每一帧的系统帧号。系统帧号出现在物理信道QPSK调制时相位变化的排列图案中。UE通过采用QPSK调制对n个连续的DwPTS时隙进行相位检测，就可以找到系统帧号，即取得复帧同步。这样，BCH信息在P-CCPCH帧结构中的位置就可以确定了。根据复帧同步结果，UE可能执行步骤4或者返回步骤2。

4. 读取广播信道（BCH）

UE在发起一次呼叫前，必须获得一些与当前所在小区相关的系统信息，如可使用的PRACH、FPACH和S-CCPCH（承载FACH逻辑信道）资源及它们所使用的一些参数（码、扩频因子、中间码、时隙）等。这些信息周期性地在BCH上广播。BCH是一个传输信道，它映射到P-CCPCH。UE利用前几步已经识别出的扰码、基本训练序列码、复帧头读取被搜索到小区的BCH上的广播信息，从而得到小区的配置等公用信息。

2.2.4.2　上行同步过程

对于TD-SCDMA系统来说，上行同步是UE发起一个业务呼叫前必需的过程。如果UE仅驻留在某小区而没有呼叫业务时，UE不用启动上行同步过程。因为在空闲模式下，UE和Node B之间仅建立了下行同步，此时UE与Node B间的距离是未知的，UE不能准确知道发送随机接入请求消息时所需要的发射功率和定时提前量，此时系统还不能正确接收UE发送的消息。因此，为了避免上行传输的不同步带给业务时隙的干扰，需要首先在上行方向的特殊时隙UpPTS上发送SYNC_UL消息，UpPTS时隙专用于UE和系统的上行同步，没有用户的业务数据。

TD-SCDMA系统对上行同步定时有着严格要求，不同用户的数据都要以基站的时间为准，在预定的时刻到达Node B。

按照系统的设置，每个DwPTS序列号对应8个SYNC_UL码字，UE根据收到的DwPTS信息，随机决定将使用的上行SYNC_UL码。Node B采用逐个做相关方法可判断出UE当前使用的是哪个上行同步码。

具体的步骤如下。

1. 下行同步的建立

即上述小区搜索过程。

2. 上行同步的建立

UE根据在DwPTS或P-CCPCH上接收到信号的时间和功率大小，决定UpPCH所采用的初始发射时间和初始发送功率。Node B在搜索窗内检测出SYNC_UL后，就可得到SYNC_UL的定时和功率信息。并由此决定UE应该使用的发送功率和时间调整值，在接下来的4个子帧（20ms）内通过FPACH发送给UE，否则UE视此次同步建立的过程失败，在一定时间后将重新启动上行同步过程。在FPACH中还包含了UE初选的SYNC_UL码字信息以及Node B接收到SYNC_UL的相对时间，以区分在同一时间段内使用不同SYNC_UL的UE，以及不同时间段内使用相同SYNC_UL的UE。UE在FPACH上接收到这些信息的控制命令后，就可以知道自己的上行同步请求是否已经被系统接受。上行同步同样也适用于上行失步时的上行同步再建立过程中。

3. 上行同步的保持

Node B在每一上行时隙检测训练序列序号，估计UE的发射功率和发射时间偏移，然后在下一个下行时隙发送SS命令和TPC命令进行闭环控制。

2.2.4.3　随机接入过程

随机接入过程分为如下3个部分。

1. 随机接入准备

当UE处于空闲状态，它将维持下行同步并读取小区广播信息。UE从下行导频信道（DwPCH）中获得下行同步码后，就可以得到为随机接入而分配给上行导频信道（UpPCH）的8个SYNC_UL码。PRACH、FPACH和S-CCPCH的详细信息（采用的码、扩频因子、训练序列码和时隙）会在BCH中广播。

2. 随机接入过程

在UpPTS中紧随保护时隙之后的SYNC_UL序列仅用于上行同步，UE从它要接入的小区所采用的8个可能的SYNC UL码中随机选择一个，并在UpPTS物理信道上将它发送到基站。然后UE确定UpPTS的发射时间和功率（开环过程），以便在UpPTS物理信道上发射选定的特征码。

一旦Node B检测到来自UE的UpPTS信息，也就知道它到达的时间和接收功率。Node B确定发射功率更新和定时调整的指令，并在以后的4个子帧内通过FPACH（在一个突发/子帧消息）将它发送给UE。

一旦当UE从选定的FPACH（与所选特征码对应的FPACH）中收到上述控制信息时，表明Node B已经收到了UpPTS序列。然后，UE将调整发射时间和功率，并确保在接下来的两帧后，在对应于FPACH的PPACH上发送RACH。在这一步，UE发送到Node B的RACH将具有较高的同步精度。

之后，UE将会在对应于FACH的CCPCH的信道上接收到来自网络的响应，指示UE发出的随机接入是否被接收，如果被接收，将在网络分配的UL及DL专用信道上通过FACH建立起上下行链路。

在利用分配的资源发送信息之前，UE可以发送第二个UpPTS并等待来自FPACH的响应，从而可得到下一步的发射功率和SS的更新指令。

接下来，基站在FACH上传送带有信道分配信息的消息，基站和UE间进行信令及业务信息的交互。

随机接入过程如图2-12所示。

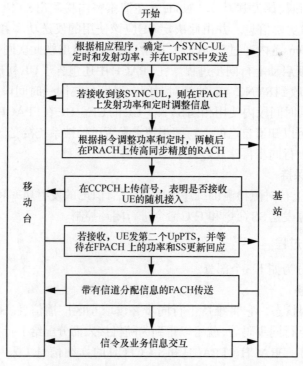

图2-12　TD-SCDMA的随机接入过程

3. 随机接入冲突处理

在有可能发生碰撞的情况下，或在较差的传播环境中，Node B不发射FPACH，也不能接收SYNC_UL，也就是说，在上述情况下，UE得不到Node B的任何响应。因此UE必须通过新的测量，来调整发射时间和发射功率，并在经过一个随机延时后重新发射SYNC_UL。

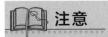 **注意**

每次（重）发射，UE都将重新随机地选择SYNC_UL突发。

2.3　TD-SCDMA 基带处理过程

基带处理是指对基带信号进行处理的过程，对TD-SCDMA技术而言，即编码、交织、扩频、加扰等过程，是提高信号的纠错能力和抗干扰能力的过程，如图2-13所示。

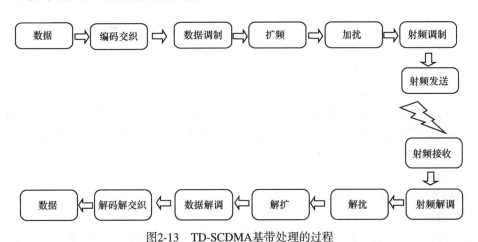

图2-13　TD-SCDMA基带处理的过程

2.3.1　传输信道的编码与复用

为了保证高层的信息数据在无线信道上可靠地传输，需要对来自MAC和高层的数据流（传输块/传输块集）进行编码/复用后在无线链路上发送，并且将无线链路上接收到的数据进行解码/解复用再送给MAC和高层。

用于上行和下行链路的传输信道编码/复用步骤如图2-14所示。

在一个传输时间间隔TTI内，来自不同传输信道的数据以传输块的形式到达编码/复用单元。这里的TTI允许的取值间隔是：10ms、20ms、40ms、80ms。在经过全部12步的处理后，被映射到物理信道。

对于每个传输块，需要进行的基带处理步骤包括以下几个。

1. 添加 CRC 校验比特

循环冗余校验（Cyclic Redundancy Check，CRC）用于实现差错检测功能。对一个

TTI 内到达的传输块集，CRC 处理单元将为其中的每一个传输块附加上独立的 CRC 码，CRC 码是信息数据通过 CRC 生成器生成。CRC 码的长度可以为 24、16、12、8 或 0 比特，具体的比特数目由高层根据传输信道所承载的业务类型来决定。

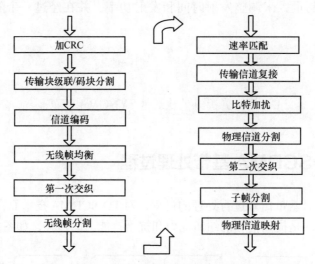

图2-14　信道编码与复用过程

2. 传输块级联和码块分割

在每一个传输块附加上 CRC 比特后，基带处理过程需要把一个 TTI 内的传输块按编号从小到大的顺序级联起来。如果级联后的比特序列长度 A 大于最大编码块长度 Z，则需要进行码块分割处理，分割后得到的 C 个码块具有相同的大小，如果 A 不是 C 的整数倍，则在传输信道数据码块的最前端插入填充比特，填充比特为 0。

码块的最大尺寸将根据传输信道采用的编码方案。其具体尺寸为：卷积编码 $Z = 504$；Turbo 编码 $Z = 5114$；无编码 Z 没有限制。

3. 信道编码

为了提高信息在无线信道传输时的可靠性，提高数据在信道上的抗干扰能力，TD-SCDMA 系统采用了卷积编码、Turbo 编码、无编码 3 种信道编码方案。不同类型的传输信道所使用的不同编码方案和码率，具体见表2-2。

表2-2　TD-SCDMA所采用的信道编码方案和编码

传输信道类型	编码方式	编码率
BCH		1/3
PCH	卷积编码	1/3，1/2
RACH		1/2
DCH、DSCH、FACH、USCH	Turbo编码	1/3，1/2
		1/3
	无编码	

4. 无线帧均衡

无线帧尺寸均衡是针对一个传输信道在一个TTI内传输下来的数据块进行的，是指对输入比特序列进行填充，以保证输出可以分割成具有相同大小设为F的数据段。一个TTI的长度为10ms、20ms、40ms或80ms，对应的这些数据需要被平均分配到1个、2个、4个或8个连续的无线帧上。尺寸均衡是通过在输入比特序列的末尾根据需要加入填充比特（0或1），以保证输出能够被均匀分割。

5. 交织

受到传播环境的影响，无线信道是一个高误码率的信道。虽然信道编码产生的冗余可以部分消除误码的影响，但是在信道的深衰落周期，将产生较长时间的连续误码。对于这类误码，信道编码的纠错功能无能为力。而交织技术就是为抵抗这种持续时间较长的突发性误码设计的。交织技术把原来顺序的比特流按照一定规律打乱后再发送出去，接收端再按相应的规律将接收到的数据恢复成原来的顺序。这样一来，连续的错误就变成了随机差错。再通过解信道编码，就可以恢复出正确的数据。

如前所述，交织过程有两步，第一次交织为列间交换的块交织，它完成无线帧之间的交织。交织时，输入序列被顺序逐行写入交织器，待所有输入数据均被写入交织器后，再逐列输出。

6. 无线帧分割

当传输信道的TTI大于10ms时，输入比特序列将被分段映射到连续的F个无线帧上。（经过第四步的无线帧均衡之后，可以保证输入比特序列的长度为F的整数倍）

7. 速率匹配

速率匹配是指传输信道上的比特被重复或打孔。一个传输信道中的比特数在不同的TTI发生变化，而所配置的物理信道容量（或承载比特数）却是固定的。因而，当不同TTI的数据比特发生改变时，为了匹配物理信道的承载能力，输入序列中的一些比特将被重复或打孔，以确保在传输信道复用后总的比特率与所配置的物理信道的总比特率一致。

8. 传输信道的复用

每隔10ms，来自每个传输信道的无线帧被送到传输信道复用单元。复用单元根据承载业务的类别和高层的设置，分别将其进行复用或组合，构成一条或多条编码组合传输信道（CCTrCH）。不同传输信道编码和复用到一个CCTrCH应符合如下规则：

①复用到一个CCTrCH上的传输信道组合如果因为传输信道的加入、重配置或删除等原因发生变化，那么这种变化只能在无线帧的起始部分进行；

②不同的CCTrCH不能复用到同一条物理信道上；

③一条CCTrCH可以被映射到一条或多条物理信道上传输；

④专用传输信道和公共传输信道不能复用到同一个CCTrCH上；

⑤公共传输信道中，只有FACH或PCH可以被复用到一个CCTrCH上；

⑥每个承载一个BCH的CCTrCH，只能承载一个BCH，不能再承载别的传输信道，即BCH不能进行复用；

⑦每个承载一个RACH的CCTrCH，只能承载一个RACH，不能再承载别的传输信道，即RACH也不能进行复用。

因此，有两种类型的CCTrCH，即：

专用CCTrCH：对应于一个或多个DCH的编码和复用结果；

公共CCTrCH：对应于一个公共信道的编码和复用结果。

示例：如图2-15所示，在每10ms的周期内，专用传输信道1和2传下的数据块被复用为一条CCTrCH。

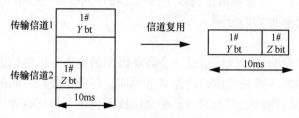

图2-15　传输信道复用

9. 物理信道的分割

一条CCTrCH的数据速率可能要超过单条物理信道的承载能力，这就需要对CCTrCH数据进行分割处理，以便将比特流分配到不同的物理信道中，如图2-16所示。

传输信道复用后的数据块应该在10ms内被发送出去，但单条物理信道的承载能力不能胜任，决定使用两条物理信道。输入序列被分为两部分，分配在两条物理信道上传输。

图2-16　物理信道分割

10. 第二次交织

一般有以下两种方案。具体采用哪种方案由高层指示。

①基于帧的交织：对CCTrCH映射无线帧上的所有数据比特进行。

②基于时隙的交织：对映射到每一时隙的数据比特进行。

11. 子帧分割

在前面的步骤中，级联和分割等操作都是以最小时间间隔（10ms）或一个无线帧为基本单位进行的。为了将数据流映射到物理信道上，还必须将一个无线帧的数据分割为两部分，即分别映射到两个子帧之中。

12. 物理信道映射

物理信道映射是将子帧分割输出的比特流映射到该子帧中对应时隙的码道上。

2.3.2　调制、扩频、加扰及脉冲形成

信号经过传输信道编码与复用后，还需调制和扩频，再经过脉冲生成器，才能完成物理层基带处理过程。对于一个无线通信系统，数据所采用的调制方式直接影响该系统的数据传输速率及系统性能。TD-SCDMA是一个扩频通信系统，已调符号需经过扩频处理以实现码分多址。调制与扩频过程如图2-17所示。

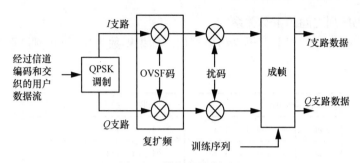

图2-17 扩频与调制过程

图2-17中，I和Q分别代表实部和虚部。在操作信道化时，I路和Q路的数据符号分别和正交扩频因子相乘。在操作扰码时，I路和Q路的信号再乘以复数值的扰码。

（1）调制与扩频

在TD-SCDMA中数据调制通常采用QPSK，在提供2Mbit/s业务时采用8PSK调制方式，为支持高速下行链路分组接入HSDPA，下行可用16QAM。扩频采用正交可变扩频因子码（Orthogonal Variable Spreaching Factor，OVSF），特点是码的正交性很好。基本的调制与扩频参数见表2-3。

表2-3 基本的调制与扩频参数码速率

码速率	数据调制方式	脉冲形成	扩频特性
1.28Mchip/s	QPSK 8PSK（2Mbit/s业务） 16QAM（HSDPA模式）	根方升余弦，滚降系数 α =0.22	OVSF扩频码 Qchip/syinbol Q = 1、2、4、8、16

经过物理信道映射并进行数字调制后，信道上的数据将进行扩频和加扰处理。扩频的过程是用高于待传送数据符号速率的码序列与待传送数据相乘，相乘的结果扩展了信号的带宽，把用符号速率表示的调制符号流转换成了用码片速率表示的数据流。在TD-SCDMA中所使用的信道化码是OVSF码。在TD-SCDMA中，允许使用不同的扩频因子（Spreading Factor，SF）混合在相同时隙信道并保持正交性，扩频因子在1～16，上行方向可取1、2、4、8、16，下行方向可取1、16，如图2-18所示。

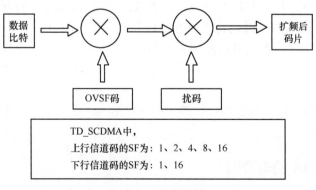

图2-18 扩频调制

如何判断码序列之间的正交关系？

将两个码序列对应位相乘，再将结果相加，如果得数为0，则可判断两个码序列正交，如图2-19所示。

以下两个序列正交		以下两个序列不正交	
序列一	+1-1+1+1-1-1-1-1	序列一	+1-1+1-1-1+1-1-1
序列二	-1+1+1-1-1+1+1-1	序列二	+1+1-1+1-1-1+1-1
相乘	-1-1+1-1+1-1-1+1	相乘	+1-1-1-1+1-1-1+1
累加	0	累加	-2

以下两个序列正交		以下两个序列不正交	
序列一	+1-1+1+1-1+1-1-1	序列一	+1-1+1-1-1+1-1-1
序列二	-1+1+1-1-1+1+1-1	序列二	+1+1-1+1-1-1+1-1
相乘	-1-1+1-1+1+1-1+1	相乘	+1-1-1-1+1-1-1+1
累加	0	累加	-2

以下两个序列正交		以下两个序列不正交	
序列一	+1-1+1+1-1+1-1-1	序列一	+1-1+1-1-1+1-1-1
序列二	-1+1+1-1-1+1+1-1	序列二	+1+1-1+1-1-1+1-1
相乘	-1-1+1-1+1+1-1+1	相乘	+1-1-1-1+1-1-1+1
累加	0	累加	-2

图2-19　码序列正交性判断

扩频时应尽量选取互相关性弱，即正交性强的码组。

（2）加扰

加扰与扩频类似，同样是用一个数字序列与扩频处理后的数据相乘。与扩频不同的是，加扰用的数字序列与扩频后的信号序列具有相同的码片速率，所做的乘法运算是一种逐码片相乘的运算。扰码的目的是为了标识数据的小区属性，将不同的小区区分开来。扰码是在扩频之后使用的，因此它不会改变信号的带宽，而只是将来自不同信源的信号区分开来，这样，即使多个发射机使用相同的码字扩频也不会出现问题。在TD-SCDMA系统中，扰码序列的长度固定为16，系统共定义了128个扰码，每个小区配置4个。

（3）脉冲形成

在发射端，信号经过扩频和扰码处理后产生数据流，数据流经过脉冲生成器形成与载波频率一致的脉冲。

2.3.3　TD-SCDMA 的码资源

系统中用到的码主要有基本训练序列码、扰码、SYNC-UL 和 SYNC-DL。整个系统有

32个码组，每个码组包含1个SYNC-DL、8个SYNC-UL、4个扰码和4个基本训练序列码。其中1个SYNC-DL唯一标识一个码组，而扰码和基本训练序列码存在一一对应关系，见表2-4。

表2-4　基本训练序列码、扰码、SYNC-UL、SYNC-DL相互间对应关系

码组	关联码			
	SYNC-DL码编号	SYNC-UL码编号	扰码编号	基本训练序列码编号
码组1	0	0~7	0	0
			1	1
			2	2
			3	3
码组2	1	8~15	4	4
			5	5
			6	6
			7	7
…	…	…	…	…
码组32	31	248~255	124	124
			125	125
			126	126
			127	127

1. 训练序列码

整个系统有128个长度为128chips的基本训练序列码，分成32个码组，每组4个。

一个小区采用哪个训练序列码组由该小区的SYNC-DL决定，当建立起下行同步之后，移动台就知道所使用的训练序列码组。训练序列是用来区分相同小区、相同时隙内的不同用户的。在同一小区的同一时隙内用户具有相同的基本训练序列码序列，不同用户的训练序列只是基本训练序列的时间位移不同。

2. 扰码

整个系统有128个长度为16的扰码，分成32组，每组4个。扰码码组由小区使用的SYNC_DL序列确定。CDMA系统中的扰码具有良好的自相关性，可以用于区分来自不同源的信号。对于TD-SCDMA系统上行链路，由于系统采用上行同步，接收机将来自不同UE的信号作为同源信号处理，故而TD-SCDMA系统只分配"小区扰码"，而不再在上行链路针对UE分配不同扰码。

3. SYNC_DL

整个系统有32组长度为64的SYNC_DL，唯一标识一个小区和一个码组。一个码组包含8个SYNC-UL和4个特定的扰码，每个扰码对应一个特定的基本训练序列码。SYNC_DL用来区分相邻小区以便于进行小区测量，在下行导频时隙（DwPTS）发射。与SYNC_DL有关的过程是下行同步、码识别和确定P-CCPCH交织时间。每一子帧中的DwPTS的

设计目的既是为了下行导频，同时也是为了下行同步，基站将在小区的全方向或在固定波束方向以满功率发送。DwPTS是一个QPSK调制信号，所有DwPTS的相位用来指示复帧中P-CCPCH上的BCH的MIB位置。

4. SYNC_UL

整个系统有256个长度为128的基本SYNC_UL，分成32组，每组8个。SYNC-DL码组是由小区的SYNC-DL确定，因此，8个SYNC_UL对基站和已下行同步的UE来说都是已知的。与SYNC_UL有关的是上行同步和随机接入过程，当UE要建立上行同步时，将从8个已知的SYNC_UL中随机选择一个，并根据估计的定时和功率值在UpPTS中发射。

2.4 项目总结

本项目是分析数据的第一步，是认识后台数据代表的含义。通过学习本项目，我们掌握了TD-SCDMA的物理层结构、认识了它的信道并领会了物理层过程，这些对网优的数据分析工作非常重要。另外，我们还了解了数据的处理过程及如何保证数据高效可靠的方法。

项目总结如图2-20所示。

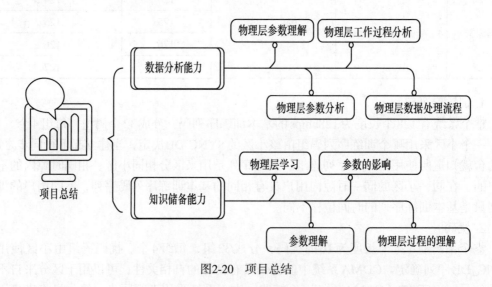

图2-20　项目总结

实践活动

熟悉TD-SCDMA信道的应用

1. 实践目的

通过上行同步和随机接入流程，熟悉TD-SCDMA信道的应用。

2. 实践要求

各学员分两组分别完成上行同步流程和随机接入流程。

3. 实践内容

① 熟悉上行同步基本流程，将下列上行同步过程填写完整（空白处填信道名称）。

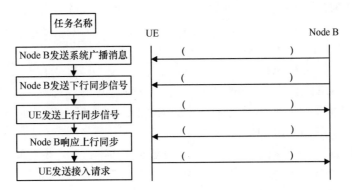

② 熟悉随机接入基本流程，将下列随机接入过程填写完整（空白处填信道名称）。

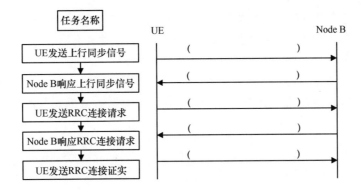

过关训练

1. 填空题

（1）TD-SCDMA系统的物理信道采用4层结构是_____、_____、_____、_____。

（2）TD-SCDMA编码目的为：在原数据流中加入冗余信息，使接收机能够_____和_____由于传输媒介带来的信号误差，同时提高数据传输速率。

（3）在TD-SCDMA系统中，上行方向的扩频因子为_____，下行方向的扩频因子为_____。

（4）TD-SCDMA系统的数据调制通常采用_____调制和_____调制，在提供2Mbit/s业务时采用_____调制方式。

（5）TD-SCDMA系统的码资源中，有_____个SYNC_DL码，_____个SYNC_UL码，_____个训练序列码和_____个扰码，所有这些码被分成_____个码组。

（6）TD-SCDMA系统中的同步技术主要分为两种：_____、_____。

（7）初始小区搜索主要分为几个阶段：_____→_____→_____→读取广播信道BCH。

2. 单选题

（1）TD-SCDMA每帧有（　　）个上、下行转换点。

  A. 1   B. 2   C. 3   D. 4

（2）在对称业务时，TD-SCDMA 系统每载波的单向信道数是（　　）。

  A. 16   B. 24   C. 48   D. 96

（3）TD-SCDMA 系统中上行同步的最小步长可为（　　）chip。

  A. 2   B. 1   C. 1/4   D. 1/8

（4）扰码和基本训练序列码的对应比例是（　　）。

  A. 4:1   B. 8:1   C. 2:1   D. 1:1

（5）以下关于 UE 随机接入过程的描述，不正确的是（　　）。

  A. UE 根据接收到的下行同步码（SYNC_DL），选择上行同步码（SYNC_UL），并以估计的时间和功率在 UpPCH 上发送出去

  B. 基站进行冲突检测，根据 UE 上报的时间和功率，回送定时和功率调整命令

  C. UE 根据 FPACH 发送过来的调整命令和参数调整定时和功率

  D. UE 在 FPACH 上发送随机接入请求 RRC CONNECT REQUEST

3. 简答题

（1）物理信道帧结构是什么样的呢？

（2）物理信道的子帧里包含哪些时隙，这些时隙的功能是什么？

（3）TD-SCDMA 中有哪些信道类型，分别包含什么？

（4）TD-SCDMA 系统的信道编码和复用过程是如何实现的，它的具体流程是什么？

（5）TD-SCDMA 系统的码资源包含哪些，各种码之间的对应关系是怎样的呢？

项目3 探究 TD-SCDMA 关键技术

项目引入 ▷

目前，我们已经完成学习 TD-SCDMA 基本原理的征程，烧脑模式还处于开启的状态，自我感觉良好。这几天我翻看项目要求，看到这些内容：切换成功率要达99%、接入成功率要达98.5%……我又迷糊了，搜索网页后知道，原来运营商都很关注这些指标，以这些指标来衡量网络的优劣。

Wendy 继续给我指点迷津，"这些指标会涉及一些关键参数，后续的影响也比较大，要注意认真仔细一学习。"烧脑模式继续……

知识图谱 ▷

图3-1为项目3的知识图谱。

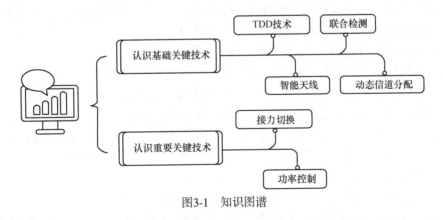

图3-1 知识图谱

学习目标 ▷

（1）识记：各关键技术的基本概念及特点。

（2）领会：各关键技术的实现原理及优势。

（3）应用：关键技术的应用。

3.1 TDD 技术

TDD（Time Division Duplex，时分双工）是双工方式的一种。那么什么是双工方式呢？让我们先来认识一下移动通信的工作方式。

3.1.1 移动通信的工作方式

点对点之间的通信是按照消息传送的方向，通信方式可分为单工通信、半双工通信及全双工通信3种。

① 单工通信：是指消息只能单方向进行传输的一种通信工作方式。单工通信如广播、遥控、无线寻呼等。这里信号（消息）只能从广播发射台、遥控器和无线寻呼中心分别传到收音机、遥控对象和BP机上。

② 半双工通信：是指通信双方都能收发消息，但不能同时进行收和发的工作方式。对讲机、收发报机等都是这种通信方式。

③ 全双工通信：是指通信双方可同时进行双向传输消息的工作方式。在这种方式下，双方可同时进行收发消息工作。很明显，全双工通信的信道必须是双向信道。生活中全双工通信如普通电话、手机等。

3.1.2 TDD 技术及优势

对于数字移动通信而言，双向通信可以以频率或时间分开，前者称为FDD（频分双工），后者称为TDD（时分双工）。对于FDD，上下行用不同的频带，一般上下行的带宽是一致的；而对于TDD，上下行用相同的频带，在一个频带内上下行占用的时间可根据需要进行调节，并且一般将上下行占用的时间按固定的间隔分为若干个时间段，称之为时隙。TD-SCDMA 系统采用的双工方式是TDD。

TDD技术相对于FDD方式来说，有以下4个优点。

① 易于使用非对称频段，无需具有特定双工间隔的成对频段。

TDD技术不需要成对的频谱，可以利用FDD无法利用的不对称频谱，结合TD-SCDMA低码片速率的特点，可以在频谱利用上做到"见缝插针"。只要有一个载波的频段TDD技术就可以使用，从而能够灵活地利用现有的频率资源。目前，全球移动通信系统面临的一个重大问题就是频谱资源的极度紧张，在这种条件下，要找到符合要求的对称频段非常困难，因此TDD模式在频率资源紧张的今天受到人们特别的重视。

② 适应用户业务需求，可灵活配置时隙，提高频谱利用率。

TDD技术调整上下行切换点来自适应调整系统资源从而增加系统下行容量，使系统更适于开展不对称业务。

③ 上行和下行使用同个载频，有利于智能天线技术的实现。

TDD技术是指上下行在相同的频带内传输，即上下行信道的传播特性一致，使智能天线技术、联合检测技术更容易实现。

④无需笨重的射频双工器，实现基站小型化，降低成本。

由于TDD技术上下行的频带相同，无需进行收发隔离，可以使用单片IC实现收发信机，降低了系统成本。

▶▶ 3.2 智能天线技术与联合检测技术

在TD-SCDMA系统中，各种关键技术之间存在着丝丝相扣的关系。例如，使用TDD技术令信道参数估计得以达成，从而让智能天线与联合检测更容易实现；采用智能天线技术使得接力切换成为可能。其实，智能天线与联合检测这两种技术也是可以结合在一起使用的。

3.2.1 智能天线

智能天线（Smart Antenna）原名自适应天线阵列，是由多个空间分隔的天线阵元组成的，不同天线阵元对信号施以不同的权值，然后相加，产生一个输出信号。每个天线的输出通过接收端的多输入接收机合并在一块，如图3-2所示。

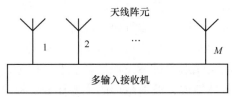

图3-2 天线阵列示意

智能天线的名字由何而来？它的"智能"又体现在哪里呢？

小时候大家都玩过水仗，你可以选择用水盆泼水，也可以选择用水枪扫射。传统天线对小区的覆盖是全方向、没有选择性的，好像水盆泼水一般；而智能天线利用电磁波的衍射，让多个高增益窄波束动态地跟踪多个期望用户，就像用水枪追着对方射击，具有很强的方向性、跟踪性，智能天线便由此而得名。传统的天线是360°全向角度，接收天线只能以固定的方式处理信号。天线阵列是空间到达角度的函数，接收机可以在这个角度的范围内对接收的信号进行检测处理，可以动态地调整一些接收机制来提高接收性能，这也是人们称它为"智能天线"的原因。

1. 智能天线原理

当智能天线工作在接收模式下，来自窄波束之外的信号被天线抑制；而在发射模式下，天线又能使期望用户接收的信号功率最大，同时天线使窄波束照射范围以外的非期望用户受到的干扰最小，如图3-3所示。

在移动通信发展的早期，运营商为节约投资，总是希望用尽可能少的基站覆盖尽可能大的区域。这就意味着用户的信号在到达基站收发信设备前可能经历了较长的传播路径，有较大的路径损耗，为使接收到的有用信号不至于

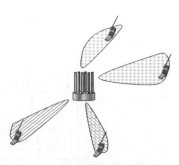

图3-3 智能天线波束赋形

低于门限值，运营商可能增加移动台的发射功率，或者增加基站天线的接收增益。由于移动台的发射功率通常是有限的，真正可行的是增加天线增益，相对而言用智能天线实现较大增益比用单天线容易。

在移动通信发展的中晚期，运营商为增加容量、支持更多用户，需要收缩小区范围、降低频率复用系数来提高频率利用率，通常采用的是小区分裂和扇区化，随之而来的是干扰信号增加，而利用智能天线可在很大程度上抑制信号干扰。

2. 智能天线的实现

智能天线技术的核心是自适应天线波束赋形技术，原理是使一组天线和对应的收发信机按照一定的方式排列和激励，利用波的干涉原理可以产生强方向性的辐射方向图，将辐射方向图的主瓣自适应地指向用户来波方向（Direction Of Arrival，DOA），旁瓣或零陷对准干扰信号到达方向，就能达到增加信号的载干比，提高系统覆盖范围的目的。这里涉及上行波束赋行（接收）和下行波束赋行（发射）两个概念。

①上行波束赋形：基带智能天线算法借助有用信号和干扰信号在入射角度上的差异（DOA估计），选择恰当的合并权值（赋形权值计算），形成正确的天线接收模式，即将主瓣对准有用信号，低增益旁瓣对准干扰信号。

②下行波束赋形：在TDD方式作用的系统中，由于其上下行电波传播条件相同，所以基带智能天线算法可以直接将上行波束赋形用于下行波束赋形，形成正确的天线发射模式，即将主瓣对准有用信号，低增益旁瓣对准干扰信号。

何为波束赋形？波束赋形特指根据测量估算参数，实现信号最优（次优）组合或者最优（次优）分配的过程。波束赋形的目标是根据系统性能指标，形成对基带（或中频）信号的最佳组合或者分配。具体地说，波束赋形的主要任务是补偿无线传播过程中由空间损耗、多径效应等因素引入的信号衰落与失真，同时降低用户间的同信道干扰。

智能天线系统主要包含如下部分：智能天线阵列（圆阵、线阵）、多RF通道收发信机子系统（每根天线对应一个RF通道）、基带智能天线算法（基带实现，各用户单独赋形），如图3-4所示。

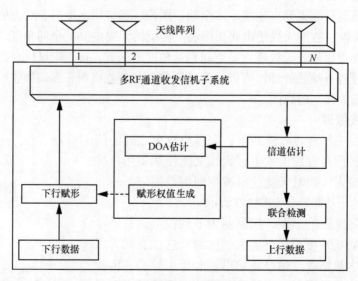

图3-4 智能天线实现示意

3. 智能天线的分类

智能天线的天线阵是一列取向相同、同极化、低增益的天线,天线阵按照一定的方式排列和激励,利用波的干涉原理产生强方向性的方向图。天线阵的排列方式包括等距直线排列、等距圆周排列、等距平面排列。智能天线的分类有圆阵、线阵,定向阵如图3-5所示、全向阵如图3-6所示。

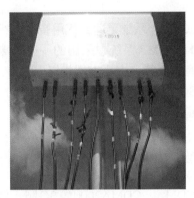

图3-5 定向天线示意

图3-6 全向天线示意

4. 智能天线优势

我们通过学习智能天线的原理与实现方法,我们可以看出智能天线技术具有以下优势。

① 提高了基站接收机的灵敏度。

② 提高了基站发射机的等效发射功率。

③ 降低了系统的干扰。

④ 增加了CDMA系统的容量。

⑤ 改进了小区的覆盖。

⑥ 降低了无线基站的成本。

使用智能天线,则能量仅指向小区内处于激活状态的移动终端,如图3-7所示。正在通信的移动终端在整个小区内处于受跟踪状态。不使用智能天线,则能量分布于整个小区内。所有小区内的移动终端均相互干扰(此干扰是CDMA容量限制的主要原因)。

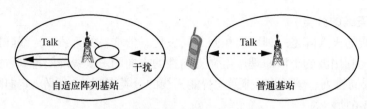

图3-7　智能天线与传统天线比较

5. TD-SCDMA 系统更适合使用智能天线

由于 TD-SCDMA 系统中采用的一些特殊技术和自身特殊制式，在 TD-SCDMA 系统里更适合使用智能天线，主要表现为以下几点。

① TD-SCDMA 系统里采用的是 TDD 的工作模式，上行下行的无线传播是对称的，所以上行的信道估计参数可直接应用于下行，相比 FDD 的工作模式要准确得多。

② TD-SCDMA 系统中子帧时间较短（5ms），便于支持智能天线下使用者的高速移动。

③ TD-SCDMA 系统中单时隙用户有限（目前最多8个），计算量较小，便于实时自适应权值的生成。

目前 WCDMA、CDMA2000 等 3G 制式里均未采用智能天线技术，所以 TD-SCDMA 系统是一个以智能天线为核心的第三代移动通信系统。

3.2.2　联合检测

联合检测的基本思想是利用所有与码间干扰（ISI）和多址干扰（MAI）相关的先验信息，在一步之内将所有用户的信号分离开来。

CDMA 系统中多个用户的信号在时域和频域上是混叠的，接收时需要在数字域上用一定的信号分离方法把各个用户的信号分离开来。信号分离的方法大致可以分为单用户检测（Single-user Detection）和多用户检测技术（Multi-user Detection）两种，如图3-8所示。

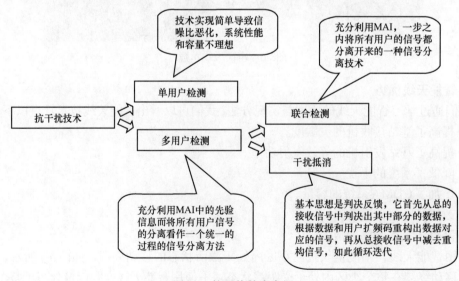

图3-8　抗干扰技术介绍

传统的CDMA系统信号分离方法是把多址干扰（MAI）看作热噪声一样的干扰，当用户数量上升时，其他用户的干扰也会随着加重，导致检测到的信号刚刚大于MAI，使信噪比恶化，系统容量也随之下降。这种将单个用户的信号分离看作是各自独立的过程的信号分离技术被称为单用户检测。

为了进一步提高CDMA系统容量，人们探索联合其他用户的信息后加以利用，也就是多个用户同时检测的技术，即多用户检测。联合检测技术是多用户检测技术的一种。单用户检测和多用户检测比较如图3-9所示。

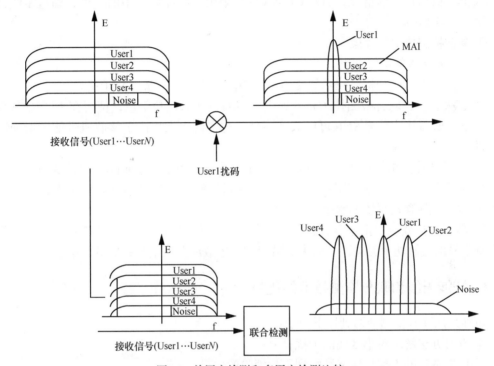

图3-9 单用户检测和多用户检测比较

从图3-9中可以看到单用户检测时，信噪比（SNR）比较差，假设要检测的用户User1为有用信号，则User2、User3、User4、Noise均为噪声。可以简单写成$S/N=1/4$；干扰大，信号质量不好。

多用户检测时，信噪比（SNR）比较好，假设要检测的用户User1、User2、User3、User4均为有用信号，则Noise为噪声。可以简单写成$S/N=4/1$；干扰不会累加，信号质量更好。

1. 联合检测技术原理

联合检测技术则指的是充分利用MAI，是一步之内将所有用户的信号都分离的一种信号分离技术，该技术与算法是分不开的。TD-SCDMA中联合检测的高效率主要是因为TD-SCDMA利用了TDMA和同步CDMA方案。TDMA的采用使每载波的大量用户被尽量均匀地分布到每个帧的时隙中，使得每时隙中并行用户的数量较少，如TD-SCDMA在一个时隙中的并行码道最多为16个，不仅使每个时隙的干扰不致过高，而且降低了联合检测的实现复杂度。同步CDMA技术使多用户信息在空中接口同步，占用同一时隙的多用户到达接收机，同步有利于减弱扩频码正交性破坏的影响，同时降低联合检测实现的复杂度。

在 TD-SCDMA 中，基站和终端都采用联合检测算法消除 ISI 和 MAI。该联合检测技术是在传统检测技术的基础上，充分利用造成 MAI 干扰的所有用户及多径的先验信息（如确知的用户信道码和训练序列、各用户的信道估计等），把用户信息的分离当作统一的相互关联的联合检测过程完成，从而具有优良的抗干扰性能，降低了系统对功率控制精度的要求，可更加有效地利用上行链路频谱资源，显著提高系统容量。

联合检测算法的具体实现方法有多种，大致分为非线性算法、线性算法和判决反馈算法三大类。根据目前的情况，TD-SCDMA 系统采用了线性算法中的一种，即迫零线性块均衡法（ZF-BLE）。

2. 联合检测技术的优势

联合检测技术的优势有以下 4 种。

① 降低干扰：联合检测技术的使用可以降低甚至完全消除 MAI 干扰。

② 扩大容量：联合检测技术充分利用了 MAI 的所有用户信息，使得在相同 RAWBER 的前提下，所需接收信号 SNR 可以大大降低，这样就大大提高了接收机性能并增加了系统容量。

③ 降低功控要求：由于联合检测技术可以削弱"远近效应"的影响，从而降低对功控模块的要求，简化功率控制系统的设计。通过检测功率控制的复杂性可降低到类似于 GSM 的常规无线移动系统的水平。

④ 削弱远近效应：由于联合检测技术能完全消除 MAI 干扰，因此它产生的噪声量将与干扰信号的接收功率无关，从而大大减少"远近效应"对信号接收的影响。

3.2.3 智能天线和联合检测技术的优势

单独采用联合检测会遇到以下问题：

① 没有办法解决对小区间的干扰；

② 信道估计的不准确性将影响到干扰消除的效果；

③ 当用户增多或信道增多时，算法的计算量会非常大，难于实时实现。

单独采用智能天线也存在下列问题：

① 组成智能天线的阵元数有限，所形成的指向用户的波束有一定的宽度（副瓣），这对其他用户而言仍然存在干扰；

② 在 TDD 模式下，上下行波束赋形采用的同样空间参数，由于用户的移动，其传播环境是随机变化的，这样波束赋形有偏差，特别是用户在高速移动时更为显著；

③ 当用户都在同一方向时，智能天线作用有限；

④ 对时延超过一个码片宽度的多径造成的 ISI 没有简单有效的办法。

这样，无论是智能天线还是联合检测技术，单独使用它们都难以满足第三代移动通信系统的要求，必须扬长避短，将这两种技术结合使用。

智能天线和联合检测两种技术相合，不等于将两者简单地相加。TD-SCDMA 系统中智能天线技术和联合检测技术相结合的方法使得在计算量未大幅增加的情况下，上行能获得分集接收的好处，下行能实现波束赋形。图 3-10 说明了 TD-SCDMA 系统智能天线和联合检测技术相结合的方法。

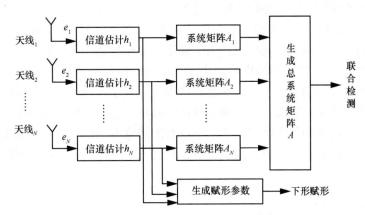

图3-10 智能天线和联合检测技术结合流程示意

3.3 动态信道分配

移动通信系统中资源的合理分配和最佳利用问题统称为信道分配问题。所谓资源，在不同的系统中有不同的含义。在FDMA中，资源是指一固定的频率带宽；在TDMA中，资源是指一帧中特定的时隙；在CDMA中，资源是指某一类特殊的编码。信道分配问题就是指如何有效利用这些资源，为尽可能多的用户提供尽可能优质的服务。

信道分配方案按信道分割的不同方式分为固定信道分配FCA、动态信道分配DCA和混合信道分配HCA三类。

FCA将服务区域划分成若干个小区，为每个小区配置固定的信道集合，相同的信道集合在间隔一定距离的小区内可重复使用。实现FCA简单，但不能随业务条件和用户分布等变化自动调整。

DCA是以计算和控制的复杂度为代价的，集中分配所有的信道而不是固定属于某个小区。DCA根据业务负荷，给予一定的原则，动态地将信道分配给接入的业务。

HCA是FCA和DCA的结合，是将所有的信道分为两部分：一部分固定配置给某些小区，另一部分用于动态分配，为系统中所有用户共享。

DCA的算法有很多，目前使用最多的是基于本地干扰测量的DCA算法，这种算法根据移动台反馈的实时干扰测量结果分配信道。

由于TD-SCDMA系统采用时分双工，且使用了智能天线技术，因此，TD-SCDMA系统包括频率、时隙、码道和空间方向4个方面，一条物理信道由频率、时隙、码道的组合来标识。因此，TD-SCDMA系统中动态信道分配DCA的方法包含了时域动态信道分配、频域动态信道分配、空域动态信道分配和码域动态信道分配四种。

3.3.1 慢速动态信道分配技术

慢速DCA的主要任务是进行各个小区间的资源分配及依据小区内业务不对称性的变

化，在每个小区内分配和调整上下行链路的资源，使时隙的上下行传输能力和业务上下行负载的比例关系相匹配，以获得最佳的频谱效率。

慢速 DCA 主要解决两个问题：一是由于每个小区的业务量情况不同，所以不同的小区对上下行链路资源的需求不同；二是为了满足不对称数据业务的需求，不同的小区上下行时隙的划分是不一样的，相邻小区间由于上下行时隙划分不一致时会带来交叉时隙干扰。所以慢速 DCA 主要有两项工作：一是将资源分配到小区，根据每个小区的业务量情况，分配和调整上下行链路的资源；二是测量网络端和用户端的干扰，并根据本地干扰情况为信道分配优先级，解决相邻小区间由于上下行时隙划分不一致所带来的交叉时隙干扰。具体工作可以在小区边界根据用户实测上下行干扰情况，决定该用户在该时隙进行哪个方向上的通信比较合适。

3.3.2 快速动态信道分配技术

快速 DCA 的主要任务是为申请接入的用户分配无线信道资源，并根据系统状态调整已分配的资源。因此快速 DCA 包括信道分配和信道调整两个过程。信道分配是根据其需要资源单元的多少为承载业务分配一条或多条物理信道。信道调整（信道重分配）可以通过 RNC 对小区负荷情况、终端移动情况和信道质量的监测结果，动态地调配和切换资源单元（主要是时隙和码道）。

1. 时域动态信道分配

因为 TD-SCDMA 系统采用了 TDMA 技术，在一个 TD-SCDMA 载频上，使用 7 个常规时隙，减少了每个时隙中同时处于激活状态的用户数量。每载频多时隙，可以将受干扰最小的时隙动态分配给处于激活状态的用户。

2. 频域动态信道分配

频域 DCA 中每一小区使用多个无线信道（频道）。在给定频谱范围内，与 5MHz 的带宽相比，TD-SCDMA 的 1.6MHz 带宽使其具有 3 倍以上的无线信道数（频道数），可以把激活用户分配在不同的载波上，从而减小对小区内用户之间的干扰。

3. 空域动态信道分配

因为 TD-SCDMA 系统采用智能天线的技术，所以可以通过用户定位、波束赋形来减小对小区内用户之间的干扰，增加系统容量。

4. 码域动态信道分配

在同一个时隙中，信道通过改变分配的码道来避免偶然出现的码道质量恶化。

调整和整合信道的目的是通过资源调整，减少资源碎片，以便接纳更多的用户。调整和整合信道的触发原因如下。

① 负荷控制：各时隙负荷不均衡。

② 周期性触发：主要是为了防止分配在许多时隙槽中的物理信道碎片，在干扰容许的前提下，尽可能将所分配的物理信道分配在一个时隙内。

③ 动态码资源分配：为了接纳用户需求，对把某些业务调整到其他时隙和码道对时域和码域的信道调整示例分别如图 3-11 和图 3-12 所示。

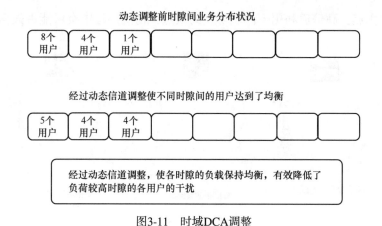

图3-11 时域DCA调整

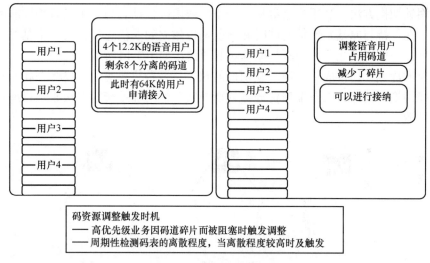

图3-12 码域DCA信道调整

3.4 接力切换

3.4.1 切换技术

移动通信系统中，用户终端经常处于移动状态，当从一个小区或扇区的覆盖区域移动到另一个小区或扇区的覆盖区域时，要求用户终端的通信不能中断，这个过程称为越区切换。越区切换分三个过程，即测量过程、判决过程和执行过程。越区切换有三种方式：硬切换、软切换和接力切换。

硬切换：在早期的频分多址（FDMA）和时分多址（TDMA）移动通信系统中采用这种越区切换方法。当用户终端从一个小区或扇区切换到另一个小区或扇区时，先中断与原基站的通信，然后再改变载波频率与新的基站建立通信，如图3-13所示。

硬切换的优点：高信道利用率。硬切换的缺点：切换过程中有可能丢失信息。

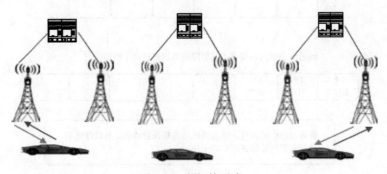

图3-13　硬切换示意

软切换：在美国Qualcomm公司20世纪90年代发明的码分多址（CDMA）移动通信系统中采用软切换方法。当用户终端从一个小区或扇区移动到另一个具有相同载频的小区或扇区时，在保持与原基站通信的同时和新基站也建立起通信连接；与两个基站之间传输相同的信息，完成切换之后才中断与原基站的通信，如图3-14所示。

软切换的优点：切换成功率高。软切换的缺点：一是只能应用于终端在相同频率的小区或扇区间切换的情形；二是浪费资源，软切换实现的增加系统容量被它本身所占用的系统容量所抵消。

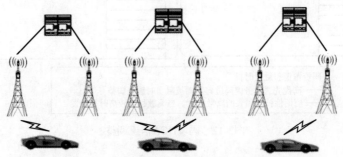

在软切换过程中，UE先建立与Node B2的信令和业务，连接之后，
再断开与Node B1的信令和业务连接，即UE在某一时刻与两个基
站同时保持联系

图3-14　软切换示意

3.4.2　接力切换技术

1. 接力切换概念与过程

接力切换是一种应用于同步码分多址（SCDMA）移动通信系统中的切换方法，是TD-SCDMA移动通信系统的核心技术之一，其设计思想是利用智能天线和上行同步等技术，在对UE的距离和方位进行定位的基础上，根据UE方位和距离信息作为辅助信息来判断目前UE是否移动到了可进行切换的相邻基站的临近区域；如果UE进入切换区，则RNC通知该基站做好切换的准备，从而达到快速、可靠和高效切换的目的。这个过程就像是田径比赛中的接力赛跑传递接力棒一样，因而形象地称之为"接力切换"。

接力切换的优点是将软切换的高成功率和硬切换的高信道利用率综合起来，应用于不同载频的TD-SCDMA基站之间，甚至是TD-SCDMA系统与其他移动通信系统如GSM、IS95的基站之间，实现不中断通信、不丢失信息的理想的越区切换。

同步码分多址通信系统中的接力切换基本过程如图3-15所示。

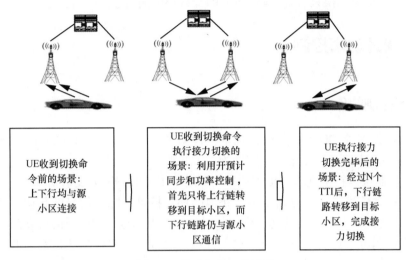

图3-15 接力切换工作流程

2. 接力切换优点

与通常的硬切换相比，接力切换除了要测量外硬切换进行，还要对符合切换条件的相邻小区的同步时间参数进行测量、计算和保持。接力切换使用上行预同步技术，在切换过程中，UE从源小区接收下行数据，向目标小区发送上行数据，即上下行通信链路先后转移到目标小区。上行预同步的技术在移动台与源小区通信保持不变的情况下与目标小区建立起开环同步关系，提前获取切换后的上行信道发送时间，从而达到减少切换时间、提高切换的成功率、降低切换掉话率的目的。接力切换是介于硬切换和软切换之间的一种新的切换方法。

表3-1是对3种切换方式的比较，从中可以清楚地看到接力切换的优势。

表3-1 3种切换方式比较

	硬切换	接力切换	软切换
切换成功率	低	高	高
资源占用	少	少	多
切换时延	短	短	长
对容量的影响	低	低	高
呼叫掉话率	高	低	低

与软切换相比，接力切换和硬切换都具有较高的切换成功率、较低的掉话率以及较小的上行干扰等优点；不同之处在于，接力切换不需要同时有多个基站为一个移动台提供服务，因而克服了软切换需要占用的信道资源多、信令复杂、增加下行链路干扰等缺点。

与硬切换相比，软切换和接力切换具有较高的资源利用率、简单的算法以及较轻的信令负荷等优点；不同之处在于接力切换断开源基站和与目标基站建立通信链路几乎是同时进行的，因而克服了传统硬切换掉话率高、切换成功率低的缺点。

传统的软切换、硬切换都是在不知道 UE 的准确位置下进行的，因而需要对所有邻小区进行测量，而接力切换只对 UE 移动方向的少数小区测量。

3.5 快速功率控制

3.5.1 功率控制的作用

功率控制技术是 CDMA 系统的基础，没有功率控制就没有 CDMA 系统。在 TD-SCDMA 系统中功率控制的作用可以归纳为以下几点。

① 功率控制可以补偿衰落，接收功率不够时要求发射方增大发射功率。

② 由于移动信道是一个衰落信道，快速闭环功控可以随着信号的起伏快速进行发射功率的调整，使接收电平由高低起伏变得相对平坦，也就是我们所说的抗衰落。

③ 功率控制可以克服远近效应，对上行功控而言，功率控制的目标为所有的信号到达基站的功率够用即可。

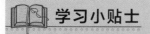 **学习小贴士**

远近效应

在上行链路中，如果小区内所有终端以相同的发射功率进行发射，而各终端与基站的距离是不同的，信号具有不同的衰耗，导致基站接收较近的终端的信号强，接收较远的终端的信号弱，基站处所接收到的信号的强度相差较大，造成弱信号淹没在强信号中，从而使得部分 UE 无法正常工作，距离基站近的一个 UE 就可以完全阻塞整个小区。

3.5.2 功率控制分类

功率控制是通过对信道进行补偿以维护信号传输质量，所以在 TD-SCDMA 系统中，功率控制可以分为：开环功率控制和闭环功率控制两类。闭环功率控制又分为：内环功率控制和外环功率控制。TD-SCDMA 的功率控制参数见表 3-2。

表3-2 TD-SCDMA的功率控制特性

	上行链路	下行链路
功率控制速率	可变 闭环：0～200次/秒 开环：（约200μs～3575μs 的延迟）	可变 闭环：0～200 次/秒
步长	1、2、3 dB（闭环）	1、2、3 dB（闭环）
备注	所有数值不包括处理和测量时间	

1. 开环功率控制

由于TD-SCDMA采用TDD模式，上行和下行链路使用相同的频段，因此上、下行链路的平均路径损耗存在显著的相关性。这一特点使得UE在接入网络前，或者网络在建立无线链路时，能够根据计算下行链路的路径损耗来估计上行或下行链路的初始发射功率，这一过程称为开环功率控制，如图3-16所示。

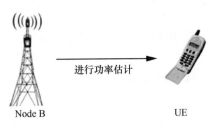

Node B   UE

进行功率估计

图3-16 开环功率控制示意

小区搜索的最后一步是UE设备读取广播信道BCH中承载的P-CCPCH，通过测量P-CCPCH的接收功率来估计路径损耗；另一方面，基站根据业务质量要求给出期望的接收功率并通知UE。由此，UE可以预估发射功率。（期望接收功率+路径损耗=发射功率）

开环功控只能在决定接入初期发射功率和切换时决定切换后初期发射功率的时候使用，它是一种粗略的功控。

2. 闭环功率控制

开环功控的衰落估计准确度是建立在上行链路和下行链路具有一致的衰落情况下的，但是由于频率双工FDD模式中，上下行链路的频段相差190MHz，远远大于信号的相关带宽，所以上行和下行链路的信道衰落情况是完全不相关的，这导致开环功率控制的准确度不会很高，只能起到粗略控制的作用，必须使用闭环功率控制达到相当精度的控制效果。

闭环功率控制又可分为内环功率控制和外环功率控制。

（1）内环功率控制

内环功率控制的机制是无线链路的发射端根据接收端物理层的反馈信息进行功率控制，这使得UE（Node B）根据Node B（UE）的接收SIR值调整发射功率，来补偿无线信道的衰落。在TD-SCDMA系统中的上下行专用信道上使用内环功率控制，每一个子帧进行一次。功率控制速率为200Hz，功率控制步长可选为1dB、2dB、3dB。

内环功率控制用来调整上行专用信道（DPCH）和上行共享信道（PUSCH）的发射功率。以上行DPCH为例，基站从RNC的上行外环功率控制算法得到相应功率控制信道的目标SIR值，在每一个子帧内将其和DPCH的训练序列信号的接收SIR值相比较。如果接收到的SIR值大于目标的SIR值，基站就在下行DPCH上发送"下降"的功率控制（TPC）命令；如果接收到的SIR值小于目标SIR值，则TPC命令设置为"上升"。在UE端，当接收到基站的TPC命令后，根据上升或下降的命令和选取的功率控制步长，调整下一子帧相应信道的发送功率。图3-17所示为内环功率控制示意。

（2）外环功率控制

内环功率控制虽然可以解决损耗以及远近效应的问题，使接收信号保持固定的信干比（SIR），但是却不能保证接收信号的质量，因此需要引入外环功控。接收信号的质量一般

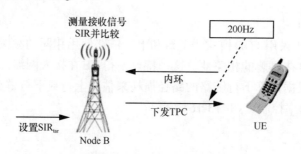

图3-17　内环功率控制示意

由误块率（BLER）或误码率（BER）来表征。

环境因素（主要是用户的移动速度、信号传播的多径和迟延）对接收信号的质量有很大的影响。当信道环境发生变化时，接收信号SIR和BLER的对应关系也相应发生变化。因此，需要根据信道环境的变化，调整接收信号的SIR目标值。

闭环功率控制用来调整下行专用信道（DPCH）和下行共享信道（PDSCH）的发射功率。

以下行DPCH为例，UE从RNC获得下行外环功率控制需要的BLER（BER）和其他控制参数，通过下行外环功率控制算法得到相应功率控制信道的目标SIR值，在每一个子帧内将其和DPCH的训练序列信号的接收SIR值相比较。如果接收到的SIR值大于目标的SIR值，UE就在上行DPCH上发送"下降"的功率控制（TPC）命令；如果接收到的SIR值小于目标SIR值，则TPC命令设置为"上升"。在基站端，当收到UE的TPC命令后，根据上升或下降的命令和选取的功率控制步长，调整下一子帧相应信道的发送功率。图3-18为外环功率控制示意。

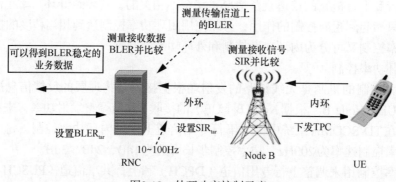

图3-18　外环功率控制示意

📖 **学习小贴士**

内环与外环的比较

内环是指物理层的闭环功控，由接收端测量接收信号的SIR，与目标SIR比较，形成TPC命令，并通过DPCH通知发送端，发送端依据接收到的TPC命令调整发送功率。外环是指高层根据业务质量（BLER或BER）要求调整目标SIR。

3.6 项目总结

本项目学习的内容是有助于数据分析的，是在掌握项目二的基础上，对后台一些网优比较重要的参数，如切换与功率控制方面，参数应该怎么去设置以及设置对实际效果的影响应该怎么去估计有重要的指导作用。通过学习本项目，我们掌握了TD-SCDMA的TDD技术、智能天线和联合检测技术、动态信道分配技术、接力切换技术以及功率控制技术。这对我们进行网优的数据分析以及参数修改工作有重要的指导作用。

项目总结如图3-19所示。

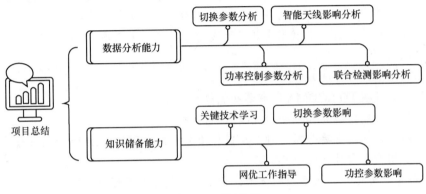

图3-19 项目总结

实践活动

熟悉智能天线产品

1. 实践目的
熟悉市场上常见智能天线产品。
2. 实践要求
各学员可通过各种渠道搜集资料独立完成。
3. 实践内容
① 熟悉目前市场上的智能天线产品。
② 分析智能天线与普通天线间的指标差异。

过关训练

1. 填空题
（1）切换是为保证移动用户通信的连续性或者基于网络负载等原因，将用户从当前的通信链路转移到其他小区的过程，目前主要有_____、_____和_____三种形式，其中，TD-SCDMA系统采用了_____方式。
（2）功率控制的目的：_____。

2. 单选题

（1）TD-SCDMA 中功率控制的速率是（　　）。

    A. 100Hz　　　　B. 200Hz　　　　　C. 1000Hz　　　　　D. 1500Hz

（2）8 阵元智能天线的理论赋形增益为（　　）。

    A. 3dB　　　　　B. 6dB　　　　　　C. 8dB　　　　　　D. 9dB

（3）TD-SCDMA 采用的关键技术有（　　）。

    A. 智能天线　　B. 联合检测　　　C. 动态信道分配　D. TDD

    E. 接力切换　　F. 功率控制　　　G. 以上都有

3. 判断题

（1）TD-SCDMA 系统可以借助于卫星同步系统（如 GPS）来实现基站同步。（　　）

（2）目前，接力切换只能在同一个 RNC 内实现。（　　）

（3）智能天线的下行波束赋形是通过天线的分级发射来实现的。（　　）

4. 简答题

（1）什么是 TDD 和 FDD 技术度？

（2）智能天线在 TD-SCDMA 中有哪些优势？

（3）为什么智能天线要和联合检测技术同时使用？

（4）信道分配技术主要分哪几种？动态信道分配对于 TD-SCDMA 有哪些优点？

（5）接力切换具有什么优点？

（6）TD 为什么必须有功率控制技术，功率控制技术分为哪几种？

项目 4　研习 HSDPA 原理及关键技术

项目引入

　　掌握了基本的理论知识后，我开始了解此次招标项目的资料，看到此次项目的背景资料，里面说到用户投诉暮光之城里面的视频点播业务的下载速率太慢。

　　师父指点迷津，目前 TD-SCDMA 在数据下载速率方面确实不如人意，所以这次我们要给暮光之城移动 3G 网络进行升级，升到 3.5G。

　　3.5G 是什么？现在开始学习……

知识图谱

　　图 4-1 为项目 4 知识图谱。

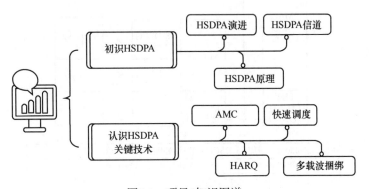

图4-1　项目4知识图谱

学习目标

　　（1）识记：HSPDA 基本原理及新增信道。

　　（2）领会：HSPDA 关键技术。

　　（3）应用：HSPDA 技术的应用。

4.1 HSDPA 原理

高速下行分组接入（High Speed Downlink Packet Access，HSDPA）是3GPP为了满足高速下行数据业务的需求而在RS协议版本中加入的一种新无线网络技术。高速下行分组接入在不改变原有R99/R4网络架构的情况下，引入了短的时间间隔（TTI=2ms）、自适应编码调制（Adaptive Modulation & Coding，AMC）、多码发射、快速物理层混合自动请求重传（HARQ）和新的MAC-hs实体，并将分组调度器从NC移到Node B中，最终大幅提高下行PS数据业务速率：WCDMA HSDPA的小区下行峰值速率可达14.4Mbit/s，TD-SCDMA HSDPA在10MHz带宽配置时的小区下行峰值速率可达16.8Mbit/s。

4.1.1 HSDPA 的平滑演进

考虑到从3GPP R4到HSDPA的平滑演进，HSDPA技术对3GPP R4结构仅做了较小的修改，HSDPA在3GPP R4上进行的改进如图4-2所示。

（1）MAC-hs子层

新增MAC-hs层实现快速自动重传、快速调度及自适应调制和编码。

（2）HS-DSCH FP

实现MAC-d与MAC-hs实体间的数据交互与流控。

（3）新增物理信道

在物理层新增HS-PDSCH、HS-SCCH和HS-SICH三个专用信道。

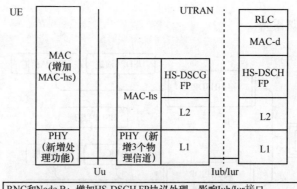

图4-2 HSDPA新增子层、物理信道和协议

4.1.2 HSDPA 基本原理

1. 基本原理

HSDPA技术的基本原理是当UE接入到HSDPA无线网络，UE周期性地向Node B上

报信道质量指示CQI。

Node B接收到UE上报的数据后，根据QoS和UE上报的CQI，选择合适的调制方式，QPSK或16QAM。

UE接收到Node B的下行数据包后，通过HSDPA专用信道HS-SICH，向Node B发送确认信息ACK/NACK，如图4-3所示。

通过UE上报的确认信息ACK/NACK，Node B可以确定重发数据的时间和方式。

通过UE上报的CQI，快速分组调度器可优化用户间的数据传输。

图4-3显示了基于用户信道质量的调度。

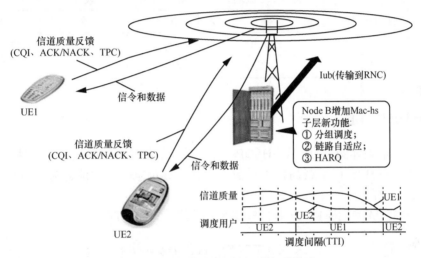

图4-3　HSDPA的基本原理以及相关信道

2. R4 与 HSDPA 比较

R4与HSDPA的技术比较见表4-1。

表4-1　R4/HSDPA的技术特点

比较项目	R4	HSDPA
下行理论峰值速率	2.30Mbit/s（384kbit/s×6）	16.8Mbit/s（10MHz带宽、1：5时隙）
码资源分配	DPCH	HS-PDSCH：SF=16、SF=1；HS-SCCH：SF=16；HS-SICH：SF=16
系统切换	硬切换、接力切换	硬切换、接力切换
功率控制	开环功控、闭环功控；慢速功控、快速功控	HS-PDSCH慢速功控
调制方式	QPSK	QPSK/16QAM
链路适应技术	使用快速功控	AMC、HARQ
MAC-hs	无	用来进行快速调度

3. HSDPA 承载的业务类型

HSDPA的高速下行链路共享信道HS-DSCH可以承载流类（S类）、交互类（I类）、背景类（B类）高速分组业务。

S类业务为IPTV、视频点播等流媒体业务；I类业务为网络教育、手机银行、在线游戏、位置服务等，为用户请求—服务器响应模式业务；B类业务为数据下载、E-mail、SMS等时延不敏感、差错敏感业务。

各业务特性见表4-2。

表4-2　业务类型特性

业务	承载方式	速率要求	时延要求	数据差错要求	对网络资源要求
流媒体	HS-DSCH	高；需要保证比特速率	较低时延	较高	较多
互动类		低	低时延	高	较少
背景类		无要求	很长时延	很高	有空闲资源即可
实时话音	DCH	很低	低时延	低	较多

4.1.3　HSDPA 信道

HSDPA的信道如图4-4所示，HSDPA引入了一条新的传输信道，即高速下行链路共享信道（HS-DSCH），以承载高速下行数据业务，其对应的物理信道为HS-PDSCH、HS-SCCH和HS-SICH。

另外，HSDPA使用原R4 DCH传输信令，其信道为伴随DPCH。

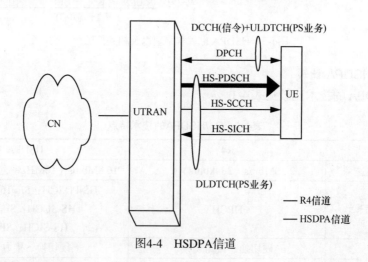

图4-4　HSDPA信道

1. HSDPA 的物理信道

（1）物理信道介绍

1）HS-PDSCH

即高速物理下行共享信道，用于承载高速下行数据业务。

2）HS-SCCH

即高速下行共享控制信道，该信道可由所有用户时分共享，传输一些控制指令，如UE的调度信息、低层控制信息，包括调制编码策略、HARQ信息等。

3）HS-SICH

即高速上行共享控制信道，该信道承载信道质量指示CQI和确认信息ACK/NACK。物理信道比较见表4-3。

表4-3　物理信道介绍

信道	HS-PDSCH	HS-SCCH	HS-SICH
承载	用户数据	下行信令，传输格式信息	上行信令
调制、编码	QPSK/16QAM，Turb编码	QPSK，1/3Turb编码	QPSK，1/36、1/16重复、6/32RM编码
扩频因子	SF1或SF16	SF16	SF16
其他	多码道、多时隙；时分、码分复用	6kbit/s/2SF16	1SF16，无CRC校验，有ACK/NACK偏移功率设置

（2）HSDPA物理信道的时序

三条物理信道上的数据发送、处理需要满足一定的时序关系。

① HS-SCCH与HS-PDSCH：2 SLOTS。

② HS-PDSCH与HS-SICH：8 SLOTS。

图4-5所示是3条物理信道时序关系示意图，图示为2:4时隙，从左至右，共4个TTI。

① TTI 1的时隙6，在HS-SCCH，发送下行控制数据。

② TTI 2的时隙3，在HS-PDSCH，发送业务数据。

③ TTI 4的时隙1，在HS-SICH，发送上行反馈信息。

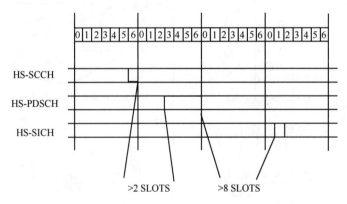

图4-5　HS-SCCH/HS-PDSCH/HS-SICH的时序关系

2. 伴随DPCH

上下行可成对配置伴随DPCH，一对伴随DPCH，上下行各占两个SF16的码道。

（1）下行伴随DPCH

1）承载高层信令、功控命令字

承载层3（RRC）的信令和上行链路信道的功率控制命令。

2）上行伴随DPCH同步

作为上行伴随DPCH的同步。

3）支持信道复用

为提高码资源利用率，可复用伴随DPCH。

（2）上行伴随DPCH

1）承载高层信令、功控命令字和PS数据

为下行数据链路的反馈信道，承载高层信令；可以在上行伴随DPCH承载其他业务数据，如语音。

2）上行伴随DPCH的流量估计

下行数据业务，伴随有上行信令反馈，需要估计上行信令流量需求，配置伴随DPCH。

3）伴随DPCH资源重配

实际应用中，可以根据需要重新配置伴随DPCH。

4）支持信道复用

为提高码资源利用率，可复用伴随DPCH。

4.2 HSDPA 关键技术

WCDMA和TD-SCDMA系统的HSDPA都采用了自适应调制与编码（Adaptive Modulation and Coding，AMC）、混合自动重传请求（Hybrid Automatic Repeat reQuest，HARQ）和基于基站的快速调度三项关键技术。

HSDPA的关键技术有以下6项和，如图4-6所示。

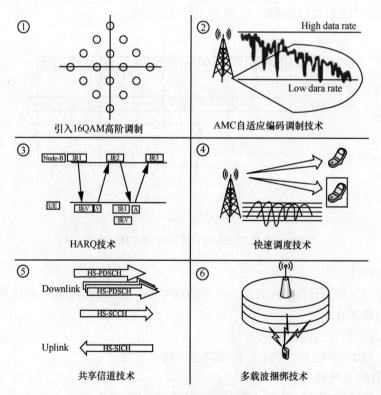

图4-6 HSDPA关键技术

（1）引入16QAM高阶调制技术

高阶调制，提供更高的调制效率。

（2）AMC自适应调制编码技术

动态调整调制、编码方案，采用合适的传输块大小，适应无线信道的变化。

（3）HARQ技术

快速调整信道速率，适应无线信道变化，实现错误数据重传。

（4）快速调度技术

实现无线资源多用户共享，调度效率高。

（5）共享信道技术

数据业务不受码资源限制，提高资源利用率。

（6）多载波捆绑技术

在N频点技术基础上实现多载波的捆绑，提高单用户接入速率。

4.2.1　AMC技术

HSDPA采用链路自适应技术AMC，Node B根据当前UE上报的无线信道质量状况CQI和网络资源的使用情况，来选择最佳的下行链路调制方式、编码方式和传输块大小，即选择最佳的数据速率，从而尽可能地增大数据吞吐量。

可以通过以下4个方面调整速率。

（1）调制方式

可选择的调制方式为QPSK和16QAM。

（2）编码方式

可选择的编码方式有64种。

（3）码道数目

信道条件好的UE，可以多配置码道，信道条件差的UE，少配置码道。

（4）传输块大小

信道条件好时，配置较大的传输块；信道条件差时，配置较小的传输块。

例如，当用户处于有利的通信点，如靠近Node B时，选择高阶调制和高速率的信道编码方式，如采用16QAM、3/4编码速率来传送用户数据，从而得到较高的传输速率；而当用户处于不利的通信点，如远离Node B时，选取低阶调制方式和低速率的编码方式，如QPSK调制、1/4编码速率，从而保证通信质量。

4.2.2　HARQ技术

HARQ是一种融合了前向纠错（Feed-forward Error Correction，FEC）与ARQ方法的技术。HARQ是ARQ的改进，只是在ARQ系统中引入了FEC子系统。

HARQ的重传依据 ACK/NACK 回报，该回报是基于1bit的信号快速且频繁地发送的，而不像过去ARQ以封包的方式（如Status Report）回传。HARQ功能在MAC层上实现，因此大大降低了数据的传输时延；在一个重传过程中，重传的数据与缓冲器中的数据合并，能够有效地提高编码效率，减少了重复传输，从而提高了系统的平均吞吐量。

1. HARQ 过程

HARQ的过程是，接收方对接收到的数据进行解码，在解码失败的情况下，保存接收到的数据，发送方重传数据，接收方先将重传的数据和先前接收到的数据进行组合，再进行解码。

重传过程反复进行，直到数据被成功解码或达到了预先定义的最大重传次数，重传操作才会结束。

2. HARQ 的引入目的

HARQ 的引入有3个目的。

（1）精确匹配信道条件

在HSDPA中，将AMC同HARQ技术相结合，可以更好适应无线链路变化，即AMC提供粗略的数据速率的选择，HARQ提供精确的速率调整。

（2）进一步改善AMC性能

尽管AMC技术可以根据CQI调整调制和编码方式来适应无线链路的变化，但它对CQI的测量误差和上报时延敏感。在移动通信系统中，信道是动态变化的，很难进行准确地信道质量估计。

而HARQ 技术则具有对信道测量误差和上报时延不敏感的特性，它可以对重传的数据进行软比特合并，从而在AMC 基础上，进一步改善系统性能。

（3）获得功率增益

通过软合并，减少对第一次传输Es/NO 的要求，从而获得一部分功率增益。

3. FEC、ARQ 和 HARQ 分析与比较

FEC、ARQ和HARQ均为保证数据的正确传输、提高信道的可靠性，但各种方法的特点不同。

（1）FEC

只纠不传：前向纠错（FEC），是在数据传输错误时，通过附带的冗余编码，对传输数据进行纠错。该方法需要在传输数据中附加额外的编码，增加了开销。

FEC优点是不需要重传，时延小；缺点是信道条件好时，其冗余编码降低了系统效率；信道条件不好时，因纠错能力有限，无法纠错。

（2）ARQ

只传不纠：自动重传请求（ARQ）就是数据传输失败时，是进行数据重传的一种传输机制。重传增加了数据传输的时延。

ARQ优点是信道条件不好时，作用明显；缺点是信道条件好时，少量的误码引起的重传，时延大。

（3）HARQ

即传又纠：HARQ综合了FEC、ARQ的优点，附加适当的冗余编码，较少的误码可以通过FEC纠错，在FEC无法纠错情况下，再进行重传。

HARQ的高效、低时延体现在较小的冗余编码、重传合并增益和低层实现。

表4-4分析比较了FEC、ARQ和HARQ的特点。

表4-4 FEC、ARQ和HARQ分析与比较

	应用协议	特点	优点	缺点
FEC	3GPP R4	只纠不传	信道条件好时，时延小	信道条件不好时，无法解码
ARQ	3GPP R4	只传不纠	信道条件不好时，效果明显	信道条件好时，时延大
HARQ	HSDPA	即传又纠	综合了FEC、ARQ的优点，在信道条件好或不好时，都能发挥优势；高效、低时延	——

4.2.3 快速调度技术

在R99中，数据包重传是由RNC控制的；而在HSDPA中，基站将直接提供更快的重传机制。快速调度控制着共享资源的分配，对于每一个发送时隙，它决定了被服务的用户。因此，它在很大程度上决定了系统的性能。调度主要是基于信道条件进行的，同时还要考虑等待发送的数据量以及业务的优先等级等情况，充分发挥了AMC和HARQ的能力。

快速调度算法根据公平性、空口质量、QoS、调度优先级、重传策略等因素来调度用户。

4.2.4 多载波捆绑技术

传统的TD-SCDMA系统中，虽然N频点能加强热点地区的系统容量覆盖，但是终端同时只能接收一个载波上的数据，峰值速率比较低。因此，在N频点特性的基础上，ITU提出了多载波的技术方案，以提高TD-SCDMA单站的容量和峰值速率。简单来说，TD-SCDMA多载波方案是指一个终端可以同时接收多个载波的数据，和N频点特性相结合后，得到一种优化的方案，即在一个小区内提供多个连续的载波，主载波上提供BCH、UpPCH、DwPCH以及其他信道，用于系统信息广播和终端接入，而在辅载波上，只提供业务信道。终端在通过主载波接入之后，由系统的接纳控制功能根据各个载波资源的情况，统一配置资源。在TD-SCDMA系统中，3载波的HSDPA（5MHz带宽）理论峰值速率可达8.4Mbit/s；6载波的HSDPA（10MHz带宽）理论峰值速率可达16.8Mbit/s。

（1）多载波HSDPA

在N频点小区的多个载波上配置HSDPA相关物理信道资源，多个载波上的HSDPA物理信道为多个UE以时分或者码分的方式共享；UTRAN为一个UE配置一个载波上的HSDPA物理信道资源。

（2）多载波捆绑HSDPA

在N频点小区的多个载波上配置HSDPA相关物理信道资源，多个载波上的HSDPA物理信道为多个UE以时分或者码分的方式共享，UTRAN可为一个UE同时分配一个或者多个载波上的HSDPA物理信道资源。

① MAC-hs统一调度和分配用户数据到各个载波。

② 每载波独立进行物理层传输（HARQ和AMC）。

③ 一对HS-SCCH/HS-SICH控制一个载波的共享资源。

④ 伴随DPCH配置在一个载波上。

多载波捆绑如图4-7所示，根据一个UE同时接收HSDPA数据的能力，Node B中

MAC-hs实体分配来自MAC-d的数据流到一个或者多个载波上。在每个载波上，独立地进行HARQ和快速调度等功能。

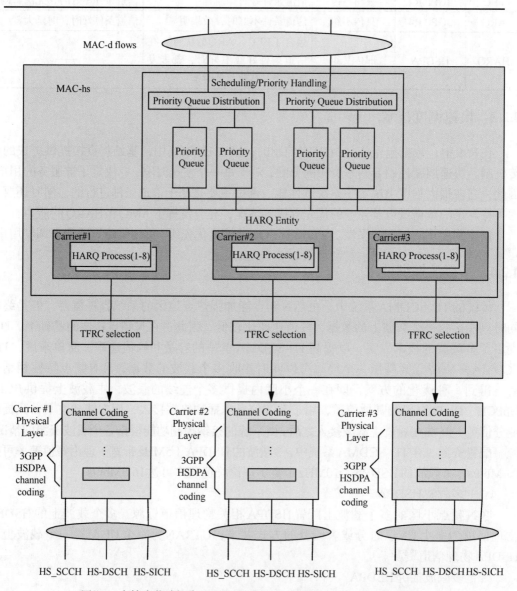

图4-7　支持多载波捆绑HSDPA的UTRAN处理框架（以3载波为例）

▶▶ 4.3　项目总结

本项目是对暮光之城移动下载速率提速很重要的一个升级。只有理解本项目，才会理解为暮光之城移动升级到3.5G后的下载速率会有大幅的提升。

项目总结如图4-8所示。

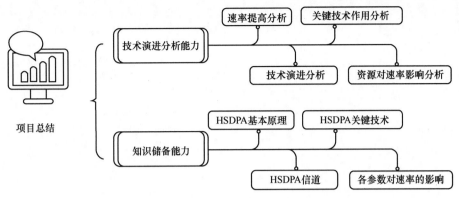

图4-8 项目总结

实践活动

调研HSDPA技术的应用

1. 实践目的

熟悉HSDPA技术的应用。

2. 实践要求

分组讨论和搜集资料，得出结论，制作PPT，各组选出一名代表进行阐述。

3. 实践内容

（1）熟悉HSDPA承载的业务类型并列举各业务类型的实际应用。

（2）比较HSDPA在TD-SCDMA、WCDMA中的应用和不同。

（3）比较HSDPA技术和WiMax技术。

过关训练

1. 填空题

（1）一个伴随信道A-DPCH要占用_____个SF=16的码道。

（2）HSDPA新增_____层实现快速自动重传、快速调度及自适应调制和编码。

2. 单选题

（1）一对伴随DPCH，上下行各占（　　）SF16的码道。

    A. 1   B. 2   C. 4   D. 6

（2）HSDPA的高速下行链路共享信道（HS-DSCH）可以承载（　　）业务类型。

    A. 流类（S类）   B. 交互类（I类）

    C. 背景类（B类）   D. 高速分组业务   E. 以上都有

3. 简答题

（1）HSDPA新增了哪几条物理信道？

（2）HSDPA技术的基本原理是什么？

（3）HSDPA用到了哪些关键技术？

实 战 篇

项目5 "深圳高新科技园"网络拓扑设计任务

项目6 OMC网管操作

项目7 RNC开局配置

项目8 B328开局配置

项目9 ZXSDR B8300开局配置

项目10 实现手机互通

项目5 "深圳高新科技园"网络拓扑设计任务

项目引入

随着学习的深入，我有了新的疑问。我已经学习并理解了物理层及其重要参数、关键技术方面的重要参数。那我能看到这些参数并且对它们进行配置修改吗？

Wendy了解了我的疑问后，说："我们能看得到这些参数并且能对它们进行配置修改，但是想看到参数前，要先学习设备。在了解设备、配置设备的过程中，你就能看到这些参数了。但是了解设备前要先学习网络结构，要有全网的概念，然后知道设备在网络中的位置。这样才能运筹帷幄。"

于是，我再一次踏上征程，开始了TD-SCDMA网络结构的学习之旅。

知识图谱

图5-1为项目5的知识图谱。

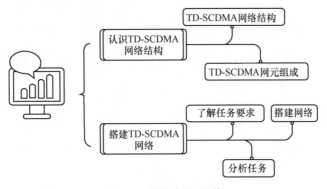

图5-1 项目5知识图谱

学习目标

（1）识记：TD-SCDMA网络结构、TD-SCDMA网元组成。

（2）领会：TD-SCDMA 主要网元的功能。

（3）应用：TD-SCDMA 网络拓扑设计。

▶▶ 5.1 知识准备

为了能够完成网络拓扑设计的任务，我们先要对 TD-SCDMA 的网络结构、网元组成有一个清晰的认识。下面将针对这两个方面分别进行介绍。

5.1.1 TD–SCDMA 的网络结构

TD-SCDMA 的网络结构遵循 UMTS 的网络结构，主要包括用户设备（UE，User Equipment）域、通用陆地无线接入网（UTRAN，UMTS Terrestrial Radio Access Network）域和核心网（CN，Core Network）域，如图 5-2 所示。

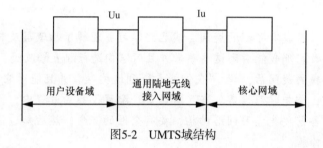

图5-2　UMTS域结构

用户设备域和通用陆地无线接入网域之间通过 Uu 接口相连。通用陆地无线接入网域和核心网域之间通过 Iu 接口相连，核心网域通过网关连接到 Internet。

在 3GPP R4 版本中，TD-SCDMA 的网络结构可用图 5-3 表示，它包括核心网（CN）、通用陆地无线接入网（UTRAN）、用户设备（UE）。

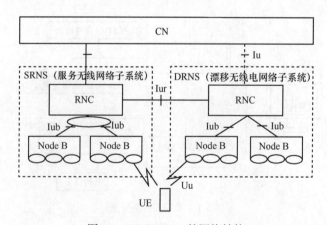

图5-3　TD-SCDMA的网络结构

从图 5-3 中可以看出以下几点：

① CN 和 UTRAN 之间的接口是 Iu 接口；

②在UTRAN内部，无线网络控制器（RNC）和Node B之间的接口是Iub接口；

③在UTRAN内部，RNC和RNC之间的接口是Iur接口；

④UTRAN和UE之间的接口是Uu接口。

核心网（CN）：核心网是为UMTS用户提供的所有通信业务的基础平台，基本的通信业务包括电路交换呼叫业务和分组数据路由业务，在这些基本的业务上还可以开发出新的增值业务。CN通过Iu接口与通用陆地无线接入网（UTRAN）的RNC相连。由于CN分为电路交换（CS）域、分组交换（PS）域以及广播（BC）域，因此Iu接口又被分为连接到电路交换域的Iu-CS、分组交换域的Iu-PS、广播控制域的Iu-BC。

通用陆地无线接入网（UTRAN）：UTRAN由基站控制器RNC和基站（Node B）组成，负责无线资源的管理与分配。在UTRAN内部，Node B与RNC之间的接口被称作Iub接口；在UTRAN内部，RNC之间通过Iur接口进行信息交互；Node B与UE之间的接口叫Uu接口，即空中接口，简称空口。

移动终端（UE）：UE就是我们通常使用的用户手机或者被称为移动台。

以上是TD-SCDMA的整体网络结构，下面将针对TD-SCDMA中的网元进行逐一介绍。

5.1.2 TD–SCDMA 的网元组成

5.1.2.1 核心网（CN）

在TD-SCDMA系统R4版本中，核心网的CS域设备是指为用户提供"电路型业务"，或提供相关信令连接的实体。CS域特有的实体包括MSC、GMSC、VLR。PS域为用户提供"分组型数据业务"，PS域特有的实体包括SGSN和GGSN。其他核心网设备如HLR（或HSS）、AuC、EIR等为CS域与PS域共用。

5.1.2.2 无线网络控制器（RNC）

①RNC（无线网络控制器）：用于控制和管理UTRAN的无线资源。它通常通过Iu接口与电路（MSC）域和分组（SGSN）域以及广播（BC）域相连。它在功能上对应GSM网络中的基站控制器（BSC）。

②RNS（无线网络子系统）：一个RNS由一个RNC和其下的多个基站组成。

如果在一个移动台与UTRAN的连接中用到了超过一个RNS的无线资源，那么这些涉及的RNS可以分为以下两点。

• 服务RNS（SRNS）：管理UE和UTRAN之间的无线连接。它是对应于该UE的Iu接口（Uu接口）的终止点。无线接入承载的参数映射到传输信道的参数，是否进行越区切换、开环功率控制等基本的无线资源管理都是由SRNS中的SRNC（服务RNC）来完成的。一个与UTRAN相连的UE有且只能有一个SRNC。

• 漂移RNS（DRNS）：除了SRNS以外，UE所用到的RNS称为DRNS。其对应的RNC则是DRNC。一个用户可以没有DRNS，也可以有一个或多个DRNS。

RNC根据实现功能不同，也被分为SRNC、DRNC和CRNC。

①SRNC（Serving RNC，服务RNC）：负责启动/终止用户数据的传送、控制和核心网的Iu连接以及通过无线接口协议和UE进行信令交互。SRNC执行基本的无线资源管理操作。用户专用信道上的数据调度由SRNC完成，而公共信道上的数据调度在CRNC中进行。

②DRNC（Drift RNC，漂移RNC）：其是指除SRNC以外的其他RNC，控制UE使用的小区资源，可以进行宏分集合并、分裂。与SRNC不同的是，DRNC不对用户平面的数据进行数据链路层的处理，而在Iub和Iur接口间进行透明的数据传输。一个UE可以有一个或多个DRNC。

③CRNC（Controlling RNC，控制RNC）：RNC把Node B看成两个实体，分别为公共传输和基站通信内容的集合体。在RNC中控制这些功能的部分称为CRNC。SRNC和DRNC统称为CRNC。

注意

在实际中，一个RNC通常可以包含SRNC、DRNC和CRNC的功能，这几个概念是从不同层次上对RNC的一种描述。SRNC和DRNC是针对一个具体的UE和UTRAN的连接，是从专用数据处理的角度进行区分的；而CRNC却是从管理整个小区公共资源的角度出发派生的概念。

5.1.2.3 基站（Node B）

Node B是TD-SCDMA系统的基站，通过标准的Iub接口和RNC互连，主要完成Uu接口物理层协议的处理。它的主要功能是扩频、调制、信道编码及解扩、解调、信道解码，还包括基带信号和射频信号的相互转换等。同时它还完成一些如内环功率控制等的无线资源管理功能。它在功能上对应于GSM网络中基站（BTS）。

5.1.2.4 用户终端（UE）

用户终端是TD-SCDMA系统中不可缺少的一个重要组成部分。只要符合Uu接口规范的终端都可以入网。

TD-SCDMA终端相比传统的GSM、CDMA等第二代用户终端，它集宽带和窄带业务功能于一体，它能够提供给用户更加丰富的业务，同时支持语音和数据通信功能，提供电信业务、承载业务、补充业务、多媒体业务、组合业务等。

大开眼界

UMTS

UMTS（Universal Mobile Telecommunications System，通用移动通信系统）是国际标准化组织3GPP制定的全球3G标准之一。作为一个完整的3G移动通信技术标准，UMTS并不仅限于定义空中接口，它的主体包括CDMA接入网络和分组化的核心网络等一系列技术规范和接口协议。除WCDMA作为首选空中接口技术获得不断完善外，UMTS还相继引入了TD-SCDMA和HSDPA技术。

UMTS有时也叫3GSM，强调结合了3G技术而且是GSM标准的后续标准。UMTS是由GPRS系统演进而来，故系统的架构颇为相像。

UMTS 支持 1920kbit/s 的传输速率（不是经常看到的 2Mbit/s），然而在现实高负载系统中典型的最高速率大约只有 384kbit/s。即使这样，数据速度已经高出 GSM 纠错数据信道 14.4kbit/s 或者多个 14.4 kbit/s 组成的 HSCSD 信道，真正能够实现价格可接受的移动 WWW 访问和 MMS。UMTS 实现的前提是现在广泛使用 GSM 移动电话系统，该系统属于 2G 技术。GPRS 支持更好的数据速率（理论上最大可以到 140.8kbit/s，实际上能实现接近 56kbit/s），数据封装好于面向连接。GPRS 已经在很多 GSM 网络部署。

▶▶ 5.2 典型任务

5.2.1 任务描述

图 5-4 所示是面积大约 1km² 的深圳高科技园地形图。该区域包括中兴通讯公司总部区域中的 6 座建筑和周边的马路，人口密度为滞留工作人员 12000 人 /km²，移动人员为 40000 人 /km²。高新技术园区的特点是科技人员多，他们会利用 3G 网络开展各种业务，包括语音、可视电话、E-mail、WWW 浏览、音视频流等。假设图中⑫点为 CN 中心机房，⑯点为 RNC 中心机房，其余均为 TD-SCDMA 网络规划中 Node B 的可选站点位置。

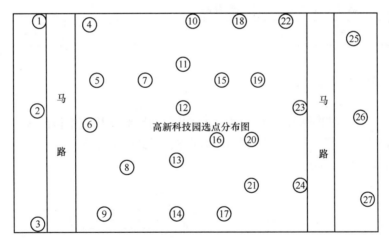

图5-4 深圳高新科技园地形图

任务要求如下。

图 5-4 中的③、⑤、⑪、⑬、⑳、㉑点是网络规划工程师确定的新建基站位置。请结合知识准备阶段所学的知识，画出当前 TD-SCDMA 系统网络拓扑图。

5.2.2 任务分析

TD-SCDMA 网络规划需要满足规划区域环境和区域话务量要求，从任务描述当中已经确定了基站的数目和位置，在此，只需要分析出 TD-SCDMA 系统网络结构。

5.2.3 任务步骤

步骤1：画出CN与RNC间的连接图。

步骤2：画出RNC与Node B间的连接图。

5.2.4 任务训练

若图5-4中的⑫点为CN的位置，①、㉕点分别为RNC1、RNC2的位置，同时②、④、⑤点归属于RNC1，㉑、㉒、㉓点归属为RNC2。请画出当前TD-SCDMA系统网络拓扑图。

任务评价单见表5-1。

表5-1　任务评价单

考核项目	考核内容	所占比例（%）	得分
任务态度	① 积极参加技能实训操作； ② 按照安全操作流程进行； ③ 纪律遵守情况	30	
任务过程	① 画出CN与RNC间的连接图； ② 画出RNC与Node B间的连接图	60	
成果验收	提交TD-SCDMA系统网络拓扑图	10	
合计		100	

5.3 项目总结

本项目是对网络结构认知很重要的一个环节。对网络结构有整体的认知，在网络优化的工作中才能对全网进行分析，更容易定位问题，找到解决方法。

项目总结如图5-5所示。

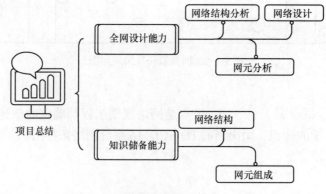

图5-5　项目总结

过关训练

1. 填空题

（1）TD-SCDMA的网络结构主要包括用户设备域、_____和_____。

（2）RNC和Node B之间的接口是_____接口，RNC和RNC之间的接口是_____接口。

（3）Iu接口被分为_____接口、_____接口和Iu-BC接口。

（4）RNC用于控制和管理UTRAN的无线资源，在功能上对应GSM网络中的_____。

2. 单选题

（1）UMTS分组交换系统是由（　　）系统所演进而来。

  A. GPRS B. GSM   C. WCDMA D. TD-SCDMA

（2）RNC和CS之间的接口是（　　）。

  A. Iu-CS B. Iu-PS   C. Iu-BC   D. Iu-MS

3. 多选题

（1）UTRAN由（　　）组成。

  A. RNC B. Node B C. CN   D. UE

（2）PS域特有的实体包括（　　）。

  A. SGSN B. GGSN C. MSC   D. GMSC

4. 判断题

（1）核心网的CS域设备是指为用户提供"分组型数据业务"，或提供相关信令连接的实体。（　　）

（2）一个RNS由一个RNC和其下的多个基站组成。（　　）

5. 简答题

（1）TD-SCDMA的网络体系结构是怎样的呢？

（2）TD-SCDMA系统的主要网元有哪些呢？

项目6 OMC 网管操作

项目引入

学习了理论以及设备相关的知识，那么我们可以在哪里看到这些参数呢？又如何对设备进行配置与维护呢？答案就是OMC网管。

OMC网管是TD-SCDMA系统的远程操作和管理中心，软调工程师通过对该网管的操作可实现建站初期开局数据配置，机房管理员可通过它对设备进行日常维护。那么OMC的系统结构是怎样的呢？OMC能实现哪些功能？OMC网管又能完成哪些基本操作？这是我们要掌握的重点内容。

学习目标

（1）识记：OMC的系统结构。
（2）领会：OMC的功能。
（3）应用：OMC网管的基本操作。

6.1 知识准备

熟悉OMC的体系结构是应用OMC统一网管软件的前提，因此我们先对OMC的体系结构进行介绍。

ZXTR OMC是中兴TD-SCDMA无线接入网络的操作维护中心，对无线接入网络中的多个网元进行集中、统一的管理。在无线接入网络中，RNC和Node B的管理是可以相互独立的，分别由OMC-R、OMC-B负责。

熟悉系统应用的软、硬件结构是应用ZXTR OMC统一网管软件的前提。下面主要介绍其硬件结构和软件结构。

1. 硬件结构

根据实际网管应用的网络规模和系统负荷，设备的配置可以选择不同的硬件结构。

（1）标准客户/服务器结构

ZXTR OMC统一网管服务器和客户端运行在不同计算机上，采用标准客户/服务器（客户端/服务器）结构，具体如图6-1所示。

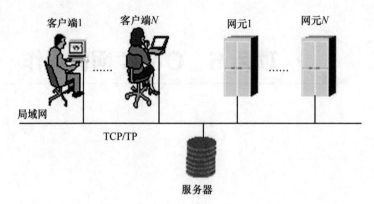

图6-1　标准客户/服务器结构组网示意

客户端通过局域网或广域网登录主服务器。

（2）分布式服务器结构

在系统负荷较重的情况下，网管可以利用服务器软件所具有的分布式部署性能，将服务器的功能模块分别部署在不同的服务器上，以协调分担系统负荷，提高系统整体处理性能。这样的硬件结构，称之为分布式服务器结构。

例如，图6-2所示的分布式部署方式既能将系统负荷较大的数据库模块单独部署在一台服务器上，又能将网管系统的其他功能模块，包括数据库等，全部部署在同一个应用服务器上。

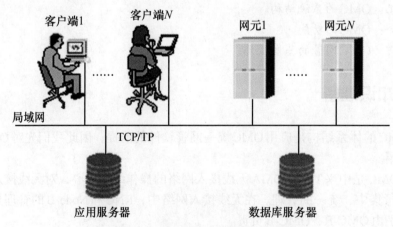

图6-2　分布式服务器结构组网示意

（3）多服务器级连结构

随着被管理网元数目的不断增加，同时为了适应TMN（Telecommunication Management Network，电信管理网）中定义的从网元管理层、网络管理层、业务管理层到事务管理层的分层管理发展趋势，对于大型网管应用，可以采用多服务器级连结构。

多服务器级连结构组网结构示意如图6-3所示。

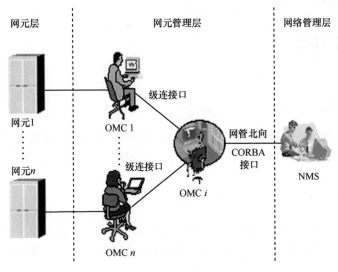

图6-3　多服务器级连结构组网示意

多服务器级连结构同样可以分担网络负荷，同时提高系统的综合处理能力。在这种结构中，上级ZXTR OMC网管可以通过系统提供的级连接口连接下级的ZXTR OMC网管系统，主要完成数据综合汇总、统计和全网监测的作用。而下级ZXTR OMC网管系统负责具体网元的监测和维护工作。

2. 软件结构

ZXTR OMC统一网管软件结构如图6-4所示，主要包括服务器程序和客户端程序两部分。

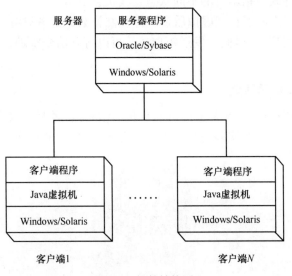

图6-4　软件结构图

由图6-4可见，网管服务器程序支持Windows或Solaris操作系统，支持的数据库类型包括Oracle和Sybase。网管客户端程序支持Windows或Solaris操作系统，实际运行时客户端需要Java虚拟机的支持。

6.2 典型任务

6.2.1 任务描述

通过认识ZXTR OMC实验仿真软件中的虚拟平台，我们进行服务器、客户端的登录和配置界面的基本操作，并掌握使用OMC统一网管软件的基本操作方法。

6.2.2 任务分析

首先认识OMC实验仿真管理软件，然后通过进入仿真实验室观察虚拟机房环境，认识各种常见设备，最后进入虚拟后台，进行网管基本操作，熟悉配置管理界面的使用。

6.2.3 任务步骤

6.2.3.1 认识 OMC 实验仿真软件

TD-SCDMA网管实验仿真软件是基于现代通信工程教育的需求应运而生的，此软件把大型网络通信系统的所有功能移植于个人计算机上，让每个学生在计算机上就可以亲身体验最真实的硬件环境，模拟真实网管的数据配置。

本软件主要包括"虚拟机房"和"虚拟后台"两部分。

① 虚拟机房：用户可以在"虚拟机房"中观察机房环境、机房硬件结构，RRU、RNC和BBU的主要连线，指示灯的不同状态及其状态说明。

② 虚拟后台：用户可以在"虚拟后台"体验网管数据配置过程，查看动态数据跟踪，然后在虚拟电话中拨打其他号码，发送短信，还可以打开信令跟踪，查看信令跟踪消息或信令故障的原因。

6.2.3.2 进入 OMC 仿真实验室

① 在装有ZXTRVBOX 1.5实验仿真软件的计算机桌面上，双击【ZXTRVBOX 1.5】的图标，如图6-5所示，打开实验仿真软件，出现图6-6所示的界面。

图6-5 ZXTRVBOX 1.5

② 单击图标" TD-SCDMA实验仿真教学系统"进入实验仿真系统主页界面，如图6-7所示。

图6-6　打开界面

图6-7　实验仿真系统主页

③ 在此界面中有两个选项：【实验仿真教学软件】和【TD-SCDMA随机资料】。

我们单击【TD-SCDMA随机资料】进入图6-8所示界面，仿真软件提供了帮助文档，当我们在学习中遇到技术上的疑惑时可以从中得到解答。

我们单击【实验仿真教学软件】进入仿真机房，在这个界面中有一个【电梯入口】和3个【机房】入口。点击【电梯入口】退出实验室，点击【机房】入口进入实验室。这里我们以【TD-SCDMA机房1】为例说明仿真软件使用方法。

图6-9是进入仿真实验室的主菜单，该实验室分为虚拟天面部分和虚拟机房部分。

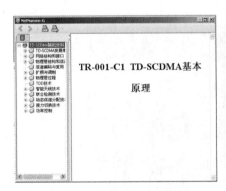

图6-8　TD-SCDMA随机资料

图6-9　进入仿真实验室

6.2.3.3　观察虚拟天面

进入仿真实验室主页，单击图6-9中的电梯按钮，进入虚拟天面部分，如图6-10所示，虚拟天面主要是室外硬件设备：智能天线、R04，天面一共设置3个扇区。

6.2.3.4　认识虚拟机房

在图6-9所示的仿真实验室主页中，单击右边任何一个TD-SCDMA机房标志，进入虚拟机房，如图6-11所示。

图6-10　TD-SCDMA虚拟天面

在虚拟机房中主要有3种硬件设备：RNC设备、模拟电话和Node B设备，虚拟机房界面中有3个闪动光标，除了"离开"图标"![icon]"外，单击另外两个分别可以打开虚拟RNC设备和虚拟Node B设备。

在图6-11所示的虚拟机房中单击RNC机柜前门打开虚拟RNC设备前插板，可以看到RNC设备的正面和背面，如图6-12所示。

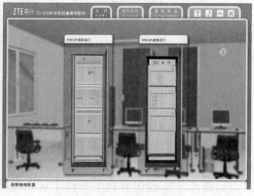

图6-11　虚拟机房　　　　　　　　　　图6-12　虚拟RNC设备

在图6-11所示的虚拟机房中单击Node B机柜前门打开虚拟Node B设备机柜，可以看到Node B设备整体的布局，如图6-13所示。

图6-13　虚拟Node B设备

6.2.3.5　虚拟后台

1. 进入虚拟后台

虚拟后台有两种打开方法，一种是在虚拟机房图6-11中单击虚拟服务器开关，进入虚拟后台，此种方法和实际打开后台网管的界面显示是一致的，如图6-14所示。另一种方法是直接在【TD-SCDMA实验仿真教学软件】界面上单击【虚拟后台】选项，虚拟后台如图6-15所示。

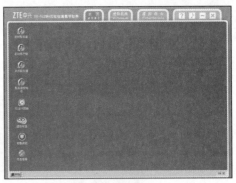

图6-14　启动后台服务器

图6-15　虚拟后台

在虚拟后台桌面上有【启动服务器】、【启动客户端】、【关闭服务器】、【服务器控制台】、【TD信令跟踪】、【虚拟电话】、【告警实例】、【信息查看】8个图标。

（1）启动服务器

双击【启动服务器】图标出现图6-16所示界面，当服务器启动完毕后，双击桌面出现的【启动客户端】图标，出现图6-17所示界面，直接单击【确定】，进入操作维护界面，在桌面上方出现图6-18所示的OMC网管软件操作界面，后续所有OMC操作都是在该软件界面下进行的。

图6-16　启动后台服务器系统

图6-17　启动客户端

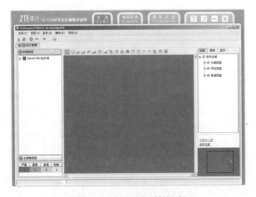

图6-18　OMC网管软件

（2）关闭服务器

当需要退出服务器时，不能直接单击该框，会弹出图6-19所示的对话框，只能单击桌面的【关闭服务器】按钮，来关闭服务器。

图6-19　关闭服务器

（3）虚拟电话

【虚拟电话】图标功能在实现手机互通模块详细介绍。

（4）【信息查看】

本虚拟后台提供一个【信息查看】的功能，用户可通过这个功能查看由CN侧提供给本次实验的正确配置，包括【RNC数据配置】、【ATM通信端口配置】、【Iu-CS-AAL2路径组配置】、【Iu-CS局向配置】、【Iu-PS局向配置】、【Iub局向配置】、【服务小区配置】、【NodeB网元配置】等相关数据。

在虚拟后台桌面中，我们双击【信息查看】图标，会弹出如图6-20所示的对话框。

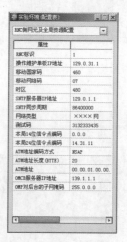

图6-20　信息查看对话框

2. 进入配置管理界面

登录后台客户端后，进入配置管理界面，如图6-21所示。

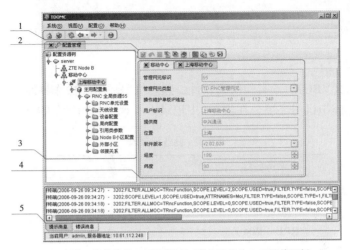

1.配置管理快捷菜单　2.配置管理对象快捷菜单　3.配置资源树
4.配置管理对象属性页面（以RNC管理网元这一管理对象为例）　5.消息窗口

图6-21　配置管理界面

接下来我们具体说明界面中的一些功能使用方法。

（1）配置资源树

①用户可以使用配置资源树浏览现有配置对象。

②用户可以双击配置资源树对应的管理对象，打开对应的配置管理对象属性页面。

③用户可以右击配置资源树对应的管理对象，进行各种右键菜单操作。

（2）配置管理对象属性页面

①用户可以使用配置管理对象属性页面查看对应配置管理对象的详细属性信息。

②用户可以使用配置管理对象属性页面快捷菜单进行各种操作。

（3）消息窗口

消息窗口显示用户操作信息以及系统信息。

（4）数据配置通用操作

数据配置通用操作包括配置查询、配置增加（创建）、配置修改、配置删除、配置同步。

①配置查询：主要是指管理对象数据配置完成后，用户查看管理对象的配置数据。

②配置增加（创建）：为系统添加管理对象，并为该对象设置属性值。

③配置删除：删除系统中已存在的管理对象及其配置数据。

④配置修改：修改在系统中已存在的管理对象的配置数据信息。

⑤配置同步：数据配置完成后，数据仅在OMCR服务器端生效，只有执行同步操作才能使数据在RNC端生效。

📖 **注意**

　　数据配置是OMC网管的核心部分，在整个系统中起着非常重要的作用。数据配置的任何错误，都会严重影响系统的运行。在做任何数据修改之前，都应先备份现有的数据。当修改完毕，把数据同步到RNC并确认正确无误后，应该及时备份。

6.2.4 任务训练

任务描述如下。

① 打开 ZXTR VBOX 1.5 实验仿真软件，熟悉机房环境和操作界面。

② 通过观察虚拟机房环境，在表6-1中记录下所观察到的设备情况。

表6-1 设备记录表

设备名称	数量
RNC	
BBU（B328）	
RRU（R04）	
智能天线	

③ 通过观察虚拟机房环境中设备情况，画出各设备间的连接关系图。

任务评价单见表6-2。

表6-2 任务评价单

考核项目	考核内容	所占比例（%）	得分
任务态度	① 积极参加技能实训操作； ② 按照安全操作流程进行； ③ 纪律遵守情况	30	
任务过程	① 熟悉机房环境和操作界面； ② 观察虚拟机房环境，记录下所观察到的设备情况； ③ 画出各设备间的连接关系图	60	
成果验收	提交设备间的连接关系图	10	
合计		100	

过关训练

1. 填空题

（1）RNC 和 Node B 的管理是可以相互独立的，分别由_____、_____负责。

（2）OMC 统一网管软件主要包括_____程序、_____程序。

2. 判断题

（1）多服务器级连结构中，由下级 ZXTR OMC 网管系统负责具体网元的监测和维护工作。（   ）

（2）在系统负荷较重的情况下，可以将服务器的功能模块分别部署在不同的服务器上，这样的硬件结构称之为客户/服务器结构。（   ）

3. 简答题

OMC 的硬件结构是怎样的呢？

项目 7 RNC 开局配置

项目引入

历经多时的学习，我终于进入设备学习阶段了，心里特别兴奋。直奔主题，学习设备的功能与开通。看看自己所学的东西能不能派上用场，能不能理解整个配置过程以及配置里面参数的含义。兴奋归兴奋，我理了下思路，首先从无线网络控制器（RNC）开始进行配置，打通无线接入网到核心网的"任督二脉"（CS和PS）。

知识图谱

图7-1为项目7的知识图谱。

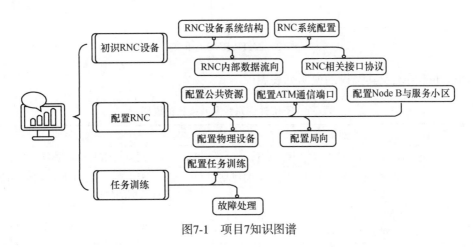

图7-1　项目7知识图谱

学习目标

（1）识记：RNC设备系统结构、系统单板的功能、接口协议。

（2）领会：RNC内部数据流向。

（3）应用：RNC开局数据配置。

7.1 知识准备

OMC后台网管人员在对RNC管理网元进行管理与维护前，先要对RNC设备系统结构和配置有一个充分的认识。同时，掌握RNC内部数据流向和相关的接口协议也是维护人员在实际工程中所需的必备知识。因此，我们将针对这几部分的内容进行详细讲解。

7.1.1 RNC 设备系统结构

RNC主要负责完成系统接入控制、安全模式控制、移动性管理（包括接力切换和硬切换控制等）、无线资源管理和控制等功能。它提供Iu、Iub、Iur、Uu等系统标准接口，支持与不同厂家的CN、RNC、Node B的互连。图7-2所示是RNC在TD-SCDMA系统中与其他网络设备的系统连接图。

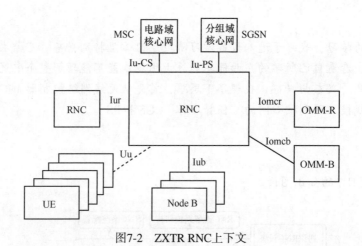

图7-2　ZXTR RNC上下文

RNC外部系统及其接口的说明见表7-1。

表7-1　RNC外部系统及其接口的说明

外部系统	外部系统功能概述	相关接口说明
UE	移动终端，用户侧的无线接入设备	Uu接口，提供与UE的无线连接、建立
Node B	在RNC的控制下，完成无线环境的建立以及数据传输	Iub接口，提供对Node B的控制和维护信息，提供各种数据的传送
RNC	使UE能够通过该RNC管辖的基站进行接入，并对无线资源管理	Iur接口，提供跨RNC的各种数据的传送
MSC	控制RNC和UE建立话音无线信道，完成话音交换的功能	Iu-CS接口，提供Iu-CS接口连接的建立，并提供透明转发UE和MSC之间的高层消息，提供话音信息的传送
SGSN	控制RNC和UE建立PS无线信道，完成数据信息交换的功能	Iu-PS接口，提供Iu-PS接口连接的建立，并提供透明转发UE和MSC之间的高层消息，提供PS数据信息的传送

（续表）

外部系统	外部系统功能概述	相关接口说明
OMM-R	RNC操作维护中心，本产品的操作维护人员，通过它来维护和控制RNC	前后台接口Iomcr，提供OMM-R对RNC的控制和维护
OMM-B	Node B操作维护中心，本产品的操作维护人员，通过它来维护和控制Node B	前后台接口Iomcb，提供OMM-B对Node B的控制和维护

7.1.1.1　RNC硬件系统

了解RNC系统外围环境后，接下来需要对RNC的硬件系统结构有个清晰的认识。RNC的硬件系统主要包括机架、机框、单板及其功能单元，下面将从这4个方面进行介绍。

1. RNC机架介绍

ZXTR RNC系统采用标准的19英寸（1英寸=2.54厘米）机柜构筑整个系统，机柜如图7-3所示。

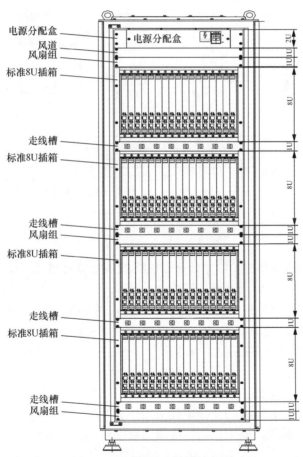

图7-3　ZXTR RNC系统机架示意

机架编号分别为1号机架、2号机架等。机框由上到下，分别为1号机框、2号机框、3号机框、4号机框。槽位由左到右，分别为1号槽位、2号槽位……16号槽位、17号槽位。机架号和插箱号分别通过拨码开关拨码来设置，单板槽位号由背板根据位置硬件固定。

机框中所有槽位的单板通过背板的-48V电源线进行供电。在机架的上面有一个3U的电源机框，电源分配器（PWRD）位于此机框中。

📖 **学习小贴士**

拨码开关：拨码开关，拨下边为OFF，表示"1"；拨上边为ON，表示"0"。拨码开关S1、S2、S3分别用于配置机框所处的局、机架、机框信息，实际的局号、机架号、机框号需要在拨码读出的值基础上加1。

2. RNC 功能单元

ZXTR RNC由多个功能单元组成，主要包括接入单元RAU、交换单元RSU、处理单元RPU、操作维护单元（ROMU）和外围设备监控单元RPMU。ZXTR RNC硬件功能单元如图7-4所示。

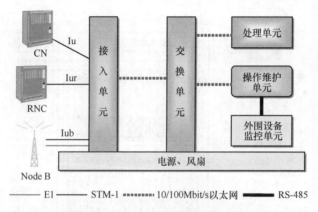

图7-4 ZXTR RNC硬件功能单元图

（1）操作维护单元

操作维护单元负责操作维护信息处理，包括ROMB单板和CLKG单板。

（2）接入单元

接入单元为系统提供Iu接口、Iub接口和Iur接口的STM-1和E1接入功能。

接入单元包括ATM处理板（APBE）、千兆以太网接口（GIPI）板、IMA/ATM协议处理板（IMAB）和光数字中继板（SDTB）。

（3）交换单元

交换单元主要为系统控制管理、业务处理板间通信以及多个接入单元之间业务流连接等提供一个大容量的、无阻塞的交换单元。RNC系统内部提供两套独立的交换平面、控制面和用户面。负责系统内部用户面和控制面数据流的交换和汇聚的单板，包括UIMC、UIMU和CHUB单板。

（4）处理单元

处理单元实现ZXTR RNC的控制面和用户面上层协议处理，包括RCB、RUB。

（5）外围设备监控单元

外围设备监控单元提供对设备的监控，包括PWRD单板和告警箱（ALB）。

3. RNC 机框介绍

机框的作用是将各种单板通过背板组合起来构成一个独立的单元。ZXTR RNC的机框由通用插箱安装不同的背板组成，背板是机框的重要组成部分。同一机框的单板之间通过背板内的印制线相连，极大地减少背板背后的电缆连线，提高了整机工作的可靠性。

RNC系统目前有两种类型的背板：控制中心背板（BCTC）、通用业务背板（BUSN）。

根据功能和插箱所使用的背板，ZXWR RNC（V3.0）机框可分为以下两种。

① 控制框：控制框提供ZXWR RNC（V3.0）的控制流以太网汇接、处理以及时钟功能。控制框的背板为BCTC，可以插ROMB、UIMC、RCB、CHUB和CLKG单板以及这些单板的后插板。其中ROMB、CHUB和CLKG单板仅在1号机柜的控制框中配置，用来实现RNC系统的全局管理，但在其他机柜的控制框里无需配置这些单板。

② 资源框：资源框提供ZXWR RNC（V3.0）的外部接入和资源处理功能，以及网关适配功能。资源框的背板为BUSN，可以插RUB、UIMU、GIPI、SDTB、IMAB和APBE单板以及这些单板的后插板。

机框与背板的关系见表7-2。

表7-2　机框与背板对应关系

机框	背板
控制框	控制中心背板（BCTC）
资源框	通用业务背板（BUSN）

4. RNC 单板介绍

表7-3所示为RNC主要单板名称及其全称。

表7-3　RNC各主要单板

缩写	全称
APBE	ATM Process Board Enhanced version
CHUB	Control HUB
CLKG	Clock Generator
SDTB	Synchronous Digital Trunk Board
GIPI	Gigabit Internet Interface
IMAB	IMA Board
ROMB	RNC Operating & Maintenance Board
RCB	RNC Control plane processing Board
PWRD	Power Distributor
UIMC	Universal Interface Module of BCTC
UIMU	Universal Interface Module of BUSN
RUB	RNC User plane processing Board

（1）ATM处理板（APBE）

APBE：用于Iu/Iur/Iub接口的ATM接入处理。

1）功能描述

a. 完成STM-1的接入和ATM处理、操作与维护功能。

b. 支持4个STM-1的ATM光接口，提供64路E1的IMA的接入，支持1∶1备份。

2）功能实现

ZXTR RNC系统中，APBE单板属于接入单元，为系统提供STM-1接入功能。负责完成RNC系统STM-1物理接口的AAL2和AAL5的终结，同时提供宽带信令SSCOP、SSCF子层的处理，但不处理用户面协议，而是在将ATM信元进行AAL5的分段与重组SAR，区分控制面和用户面数据后，控制面数据转发到本板CPU处理，用户面数据根据IP地址转发到RUB板进行处理。

学习小贴士

ATM的全称是Aynchronous Transfer Mode，即异步传输模式。

AAL的全称是ATM Adaptation Layer，即ATM适配层。它是标准协议的一个集合，用于适配用户业务。AAL的目的是允许现有的协议和应用运行在ATM上。为此AAL必须把上层的数据转换为ATM信元中的48B。常见的通信协议（TCP/IP、以太网、令牌环网）采用的是变长分组，分组长度都要比ATM信元中的数据段大，但是AAL可以将这些较大的高层数据分组分割成能通过ATM网络传输的信元，或把从网络接收的信元重组成原始的数据分组。

AAL有4种协议类型：AAL1、AAL2、AAL3/AAL4和AAL5，它们分别支持各种AAL业务类型。

AAL2即ATM适配层2，用于支持可变比特率的面向连接业务，并同时传送业务时钟信息。

AAL5即ATM适配层5，它支持面向连接的、VBR业务，主要用于ATM网及LANE上传输标准的IP业务。AAL5提供低带宽开销和更为简单的处理需求以获得简化的带宽性能和错误恢复能力。另外，AAL5还提供不可靠传输服务（即不提供数据传输保证措施），通过选项丢弃校验出错的信元，或者传送给其他应用程序处理（被标识为坏信元），这种服务类似于数据报传送服务。

STM的全称是Synchronous Transfer Module，即同步传输模式。

同步传输模式是一种以数据块为传输单位的数据传输方式，该方式下数据块与数据块之间的时间间隔是固定的，必须严格地规定它们的时间关系。每个数据块的头部和尾部都要附加一个特殊的字符或比特序列，标记一个数据块的开始和结束，一般还要附加一个校验序列，以便对数据块进行差错控制。

STM-1为速率155.520Mbit/s的同步传输模块（STM-Synchronous Transfer Module），是SDH信号的最基本模块。STM-1是网络的光口卡。一个SDH STM-1可以支持63个E1。

STM-4的速率为622.080Mbit/s，STM-16的速率为2488.240Mbit/s。

IMA的全称是Inverse Multiplexing on ATM，即ATM反向复用。

ATM反向复用就是在发送端把一条高速传输链路上的ATM信元流反向复用到多条低速传输链路上进行传输，在接收端把多条低速传输链路上过来的信元流重新会聚成一条高速信元流。

APBE单板提供的主要外部接口以及使用情况见表7-4。

表7-4　APBE单板外部接口说明

功能单板外部接口	APBE	备注
1×100Mbit/s控制面以太网	√	背板连接交换单元UIM单板控制面端口
4×100Mbit/s用户面以太网	2	背板连接交换单元UIM单板用户面端口
4×STM-1光口	√	前面板电缆连接系统外部
1×485接口	√	通过背板连接UIMU

APBE单板占用1个槽位，可以插在资源框，具体位置见表7-5。

表7-5　APBE单板资源框中的位置

1	2	3	4	5	6	7	8	9	10	11	12	13	14	15	16	17
A P B E	A P B E	A P B E	A P B E	A P B E	A P B E	A P B E	A P B E	U I M U	U I M U	A P B E	A P B E	A P B E	A P B E	A P B E		

（2）反向复用板（TMAB）

IMAB：应用于RNC的Iub、Iur、Iu-CS、Iu-PS接口，主要负责ATM/IMA协议处理。

1）功能描述

a. 提供1个100Mbit/s控制面以太网口，最大4个用户面以太网口。

b. 支持30个IMA组，提供16个8MHW的电路接口。

c. 实现155Mbit/s线速的ATM AAL2和AAL5的SAR。

2）功能实现

ZXTR RNC系统中，IMAB单板属于接入单元，与数字中继板SDTB一起提供支持ATM反向复用IMA的E1接入实现系统的AAL2和AAL5混合SAR功能，实现系统的ATM终结。

IMAB占用1个槽位，可以插在资源框中，具体位置见表7-6。

表7-6　IMAB在资源框中的位置

1	2	3	4	5	6	7	8	9	10	11	12	13	14	15	16	17
				I M A B	I M A B	I M A B	I M A B	U I M U	U I M U	I M A B	I M A B	I M A B	I M A B			

（3）光数字中继接口板（SDTB）

SDTB：RNC的一种接口板，提供光纤和E1的接入。

1）功能描述

提供1路155Mbit/s的STM-1的接入，支持63路E1，负责为RNC系统提供线路的接口。

2）功能实现

ZXTR RNC系统中，SDTB板属于接入单元，工作时需要与IMAB板配合使用，提供完整的STM-1接入和ATM终结。

SDTB板配置在资源框中，占用一个槽位，具体位置见表7-7。

表7-7　SDTB板在资源框中的位置

1	2	3	4	5	6	7	8	9	10	11	12	13	14	15	16	17
S	S	S	S	S	S	S	S	U	U	S	S	S	S			S
D	D	D	D	D	D	D	D	I	I	D	D	D	D			D
T	T	T	T	T	T	T	T	M	M	T	T	T	T			T
B	B	B	B	B	B	B	B	U	U	B	B	B	B			B

（4）千兆以太网接口板（GIPI）

GIPI：RNC的一种接口板，提供千兆IP接入。

GIPI实现各种IP接口和OMCB网管功能，提供用户面FE/GE口、控制面FE口、调试用RS-232串口、OMCB以太网接口。

ZXTR RNC系统中，GIPI属于接入单元，配置时占用1个槽位，具体位置见表7-8。

表7-8　GIPI板在资源框中的位置

1	2	3	4	5	6	7	8	9	10	11	12	13	14	15	16	17
G	G	G	G	G	G	G	G	U	U	G	G	G	G	G	G	G
I	I	I	I	I	I	I	I	I	I	I	I	I	I	I	I	I
P	P	P	P	P	P	P	P	M	M	P	P	P	P	P	P	P
I	I	I	I	I	I	I	I	U	U	I	I	I	I	I	I	I

📖 **学习小贴士**

RS-232-C是美国电子工业协会（EIA，Electronic Industry Association）制定的一种串行物理接口标准。RS是英文"推荐标准"的缩写，232为标识号，C表示修改次数。RS-232-C总线标准设有25条信号线，包括一个主通道和一个辅助通道。

在多数情况下主要使用主通道，对于一般双工通信，仅需几条信号线就可实现，如一条发送线、一条接收线及一条地线。

图7-5所示为RS-232（9针）接口。

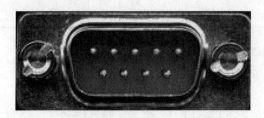

图7-5　RS-232（9针）接口

（5）通用媒体接口板（UIMU）

UIMU：RNC的交换板，主要实现其所在机框内的数据交换与时钟分发，还可实现机框间的数据交换。

① 单板能够为资源框内部提供16kHz电路交换功能，提供两个24×2交换式HUB（一个是控制面以太网HUB，一个是用户面以太网HUB）。

② 提供资源框管理功能，对资源框内提供RS-485管理接口，同时提供资源框单板复位和复位信号采集功能。

③ 提供资源框内时钟驱动功能，输入8kHz、16MHz信号，经过锁相、驱动后分发给资源框的各个槽位，并为资源单板提供16MHz和8kHz时钟。

④ 提供机架号、机框号、槽位号、设备号、背板版本号、背板类型号的读取功能。

⑤ 提供2×100Mbit/s以太网口，分别用作调试口和主备单板互联口。

UIMU单板占用1个槽位，其实现的功能单板可以插在资源框中，具体位置表7-9。

表7-9 UIMU在资源框中的位置

1	2	3	4	5	6	7	8	9	10	11	12	13	14	15	16	17
								U I M U	U I M U							

（6）通用接口控制板（UIMC）

UIMC：RNC的交换板，主要实现其所在机框内的数据交换与时钟分发，还负责机框间的数据交换。

UIMC的功能与UIMU的功能相似，只是两者选用的子卡不一样，提供的接口略有差别。

UIMC单板占用1个槽位，其实现的功能单板可以插在控制框中，具体位置见表7-10。

表7-10 UIMC在控制框中的位置

1	2	3	4	5	6	7	8	9	10	11	12	13	14	15	16	17
								U I M C	U I M C							

（7）控制面集线器（CHUB）

CHUB：RNC的一种交换板，实现控制面数据汇聚功能。

1）功能描述

提供两个24×2交换式HUB，对外部提供46个FE接口与资源框互联。

2）功能实现

ZXTR RNC系统中，CHUB单板属于交换单元，实现ZXTR RNC系统的各资源框的控制面信息汇聚功能。

CHUB单板占用1个槽位，可以插在控制框中，具体位置见表7-11。

表7-11　CHUB单板在控制框中的位置

1	2	3	4	5	6	7	8	9	10	11	12	13	14	15	16	17
								U I M C	U I M C				C H U B	C H U B		

提示：当出现多个机柜、多个控制框时，CHUB单板只在第一个机柜的控制框进行配置。

（8）控制面处理板（RCB）

RCB：处理RNC控制面协议。

1）功能描述

a. 负责完成Iu接口、Iur接口、Iub接口和Uu接口对应的RNC控制面信令、相关七号信令、GPS定位信息处理。

b. 负责完成Iu接口、Iur接口、Iub接口和Uu接口上IP信令协议的处理。

2）功能实现

ZXTR RNC系统中，RCB单板属于处理单元，负责完成控制面协议处理，包括RANAP、NBAP、RNSAP、RRC协议的处理。

单板占用1个槽位，分配在控制框中，具体位置见表7-12。

表7-12　RCB在控制框中的位置

1	2	3	4	5	6	7	8	9	10	11	12	13	14	15	16	17
R C B	R C B	R C B	R C B	R C B	R C B	R C B	R C B	U I M C	U I M C	R C B	R C B	R C B	R C B	R C B	R C B	R C B

（9）用户面处理板（RUB）

RUB：RNC系统用户面处理板，处理用户面的协议，同一个RNC内分配不同的模块号。

1）功能描述

a. 提供14片DSP组成的阵列，完成用户面协议处理功能。

b. 提供最大2×100Mbit/s用户面以太网口，作为业务数据通道。

c. 提供1×100Mbit/s控制面以太网口，作为与控制面交互的数据通道。

d. 提供1×RS-485接口，作为控制面备用通信链路。

2）功能实现

ZXTR RNC系统中，RUB属于处理单元，实现ZXTR RNC系统的用户面协议处理，包括FP、MAC、RLC、PDCP、Iu-UP、GTP-U协议的处理，以及来自Uu接口的信令数据处理。

RUB占用1个槽位，可以插在资源框中，具体位置见表7-13。

表7-13 使用VTCD实现的功能单板RUB在资源框中的位置

1	2	3	4	5	6	7	8	9	10	11	12	13	14	15	16	17
R U B	R U B	R U B	R U B	R U B	R U B	R U B	R U B	U I M U	U I M U	R U B	R U B	R U B	R U B	R U B	R U B	R U B

📖 学习小贴士

DSP（Digital Signal Processor）是一种独特的微处理器，是以数字信号来处理大量信息的器件。其工作原理是接收模拟信号，并将其转换为0或1的数字信号。再对数字信号进行修改、删除、强化，并在其他系统芯片中把数字数据解译回模拟数据或实际环境格式。它不仅具有可编程性，而且其实时运行速度可达每秒数以千万条复杂指令程序，远远超过通用微处理器，是数字化电子世界中日益重要的电脑芯片。它的强大数据处理能力和高运行速度，是最值得被称道的两大特色。

关于FP/MAC/RLC/PDCP/Iu-UP等协议将会在本项目的6.1.4节中进行具体介绍。

（10）操作维护板（ROMB）

ROMB：RNC操作维护板与操作维护模块OMM服务器相连。

1）功能描述

a.作为RNC网元的主处理模块，负责RNC系统的全局过程处理。

b.负责整个RNC的操作维护代理，各单板的状态的管理和信息的搜集，维护整个RNC的全局性静态数据，操作维护模块OMM通过该单板和系统设备进行通信。

c.运行负责路由协议的RPU模块。

2）功能实现

ZXTR RNC系统中，ROMB属于操作维护单元，负责RNC系统的全局过程处理和操作维护代理，负责各单板状态的管理和信息的搜集，维护整个RNC的全局性的静态数据。ROMB上还有RPU模块，负责路由协议处理。

ROMB占用1个槽位，可以插在控制框中，具体位置见表7-14。

表7-14 ROMB在控制框中的位置

1	2	3	4	5	6	7	8	9	10	11	12	13	14	15	16	17
								U I M C	U I M C	R O M B	R O M B					

提示：ROMB单板和RCB单板使用相同物理单板，通过在该单板上加载不同软件版本就可以实现ROMB和RCB的功能。

（11）时钟产生板（CLKG）

CLKG：RNC系统的一种时钟板，为各机框提供时钟信号。

1）功能描述

a. 通过RS-485总线与控制台通信，可以后台或手动选择时钟基准来源，包括BITS、线路（8kHz）、GPS、本地（二或三级）时钟。

b. 采用松耦合锁相系统，具有快捕（CATCH）、跟踪（TRACE）、保持（HOLD）、自由运行（FREE）4种工作方式。

2）功能实现

ZXTR RNC系统中，CLKG单板属于操作维护单元，实现ZXTR RNC系统的时钟供给和同步功能。

CLKG单板占用1个槽位，可以插在控制框中，具体位置见表7-15。

表7-15　CLKG单板在控制框和资源框中的位置

1	2	3	4	5	6	7	8	9	10	11	12	13	14	15	16	17
								U I M C	U I M C			C L K G	C L K G			

学习小贴士

时钟分级

按照时钟的性能，我国数字同步网划分为四级。

a. 第一级：基准时钟（铯原子钟）。

b. 第二级：有记忆功能的高稳晶体时钟，设置于数字网中的各级长途交换中心。

c. 第三级：有记忆功能的高稳晶体时钟，设置于端局和汇接局。

d. 第四级：一般晶体时钟，设置于远端模块、数字终端设备、数字用户交换设备。

时钟工作状态

a. 快捕：开机后首先进入快捕工作状态。

b. 跟踪：由快捕工作状态自动转入跟踪工作状态。

c. 保持：二级节点失去输入主用频率基准后，时钟自动进入保持工作状态。三级节点在失去全部输入频率基准后自动转入保持工作状态。

d. 自由运行：时钟失掉快捕、跟踪和保持功能后，处于自由运行工作状态，用于时钟的自检，此时不能完成同步。

BITS的全称是Building Integrated Timing Supply，即大楼综合定时供给系统。

（12）电源分配器板（PWRD）

PWRD：电源分配器板。

1）功能描述

a. 提高系统的电磁兼容特性：在传导干扰传播的主要路径上采取防范措施，使系统在电源的输入端的传导干扰降到规定范围之内；其次，提高系统自身的抗干扰能力，降低系统的电磁敏感度。

b. 提高系统的可靠性：PWRD电源运行可靠，并可长期无故障运行。另外，PWRD需要具有较强的机架运行环境监测功能，对–48V输入电源、风扇散热系统、温度、湿度等重要的环境参数进行有效的监测。

2）功能实现

ZXTR RNC系统中，PWRD单板属于外围设备监控单元，实现对ZXTR RNC系统电源、风扇、温度等环境量监控，可以直接与被监控量的传感器/变送器连接，直接采用–48V电源供电，与ROMB的通信链路为RS-485。

📖 学习小贴士

RS（Recommended Standard）代表推荐标准，485是标识号。

RS-485总线：在要求通信距离为几十米至上千米时，广泛采用RS-485串行总线。

RS-485用于多点互连时非常方便，可以省掉许多信号线。应用RS-485可以联网构成分布式系统，其允许最多并联32台驱动器和32台接收器。

7.1.1.2 RNC系统设计

通过前面的学习，我们已经对RNC的硬件结构有了一定的认识，下面将针对ZXTR RNC的系统设计进行说明。

1. 系统主备设计

为了保证ZXTR RNC系统工作的稳定性，系统的关键部件均提供硬件1+1备份，如ROMB、RCB、UIMC、UIMU、CHUB等。而RUB和GIPI等采用负荷分担的方式。接入单元则根据需要提供硬件主备。

其他单板的主备考虑如下方式：接口单板（如SDTB、APBE）、资源处理单板（如RUB）一般采用$m+n$的备份方式（主要依靠软件实现）；关键单板（如UIMC、UIMU、RCB）采用1+1备份。

📖 学习小贴士

1+1备份：一个作为主用，另一个作为备份。当主用单板损坏时，备用单板将替代工作。

1:1备份：两块单板进行负荷分担。

$m+n$备份：m块单板作为主用，n块单块作为备用。n块单板中的任何一个均可为m块单板做备份。

2. 系统内部通信链路设计

ZXTR RNC系统采用控制面和用户面分离设计，资源框背板设计两套以太网，一套用于用户面互连，一套用于内部控制、控制面互连。另外在背板上再设计一套RS-485总线，对以太网异常时进行故障诊断、告警，在特定场合可根据需要做MAC、IP地址的配置，正常情况下不用此功能。

控制面以太网采用单平面结构，每个资源框的控制以太网通过UIMU出2个100Mbit/s以太网口（物理上采用2根线缆）和控制框的CHUB相连，对于控制流量较大（≥100Mbit/s，配置时可以估算出最大流量）的资源框，2个100Mbit/s以太网口采用链路汇聚的方式与控制框相连。

框内的RS-485和以太网通过背板引线连到各个单板。每个单板提供RS-485和以太网接口用于单板控制。资源框的RS-485总线在UIMU单板实现终结；交换框的RS-485总线在UIMC单板实现终结；控制框的RS-485总线在ROMB单板实现终结。

ZXTR RNC系统内部通信链路如图7-6所示。

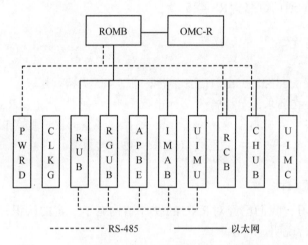

图7-6   ROMB单板与其他各单板的管理通信链路示意

3. 时钟系统设计

从ZXTR RNC在整个通信系统的位置看，其时钟系统应该是一个三级增强钟或二级钟，时钟同步基准来自Iu接口的线路时钟或者全球定位系统/楼宇综合定时供给系统（GPS/BITS）时钟，采用主从同步方式。

ZXTR RNC的系统时钟模块位于时钟板CLKG上，与CN相连的APBE单板提取的时钟基准经过UIM选择，再通过电缆传送给CLKG单板，CLKG单板同步于此基准，并输出多路8kHz和16MHz时钟信号给各资源框，并通过UIM驱动后经过背板传输到各槽位，供SDTB单板和APBE单板使用。时钟单板CLKG采用主备设计，主备时钟板锁定于同一基准，如图7-7所示。

7.1.2   RNC 内部数据流向

为了能够更加理解RNC中各主要单板的工作原理，有必要对RNC内部数据流向进行了解，接下来，我们将对RNC内部的数据流向进行介绍。

7.1.2.1   用户面 CS/PS 域数据流向

以上行方向为例，用户面CS/PS域数据流向如图7-8所示，下行方向相反。

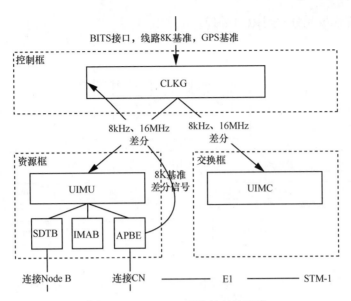

图7-7 ZXTR RNC系统的时钟系统

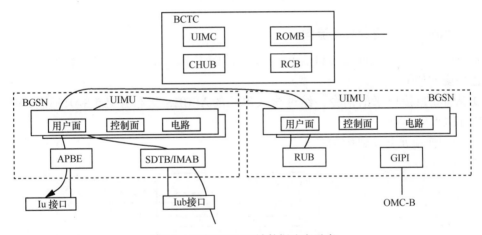

图7-8 用户面CS/PS域数据流向示意

流向说明如下。

① 用户面CS/PS域数据从Iub接口进来后，经过接入单元的SDTB/IMAB进行AAL2 SAR适配。

② 通过交换单元传输到RUB，进行FP/MAC/RLC/Iu-UP/PDCP/GTU-U协议处理。

③ 通过交换单元传输到接入单元的APBE进行AAL2 SAR适配，并送到Iu接口。

7.1.2.2 Iub接口信令数据流向

以上行方向为例，Iub接口信令数据如图7-9所示，下行方向相反。

流向说明如下。

① 从Iub接口来的信令，经过接入单元的SDTB/IMAB板进行IMA处理和AAL5 SAR适配。

② 然后经交换单元分发到 RCB 处理。

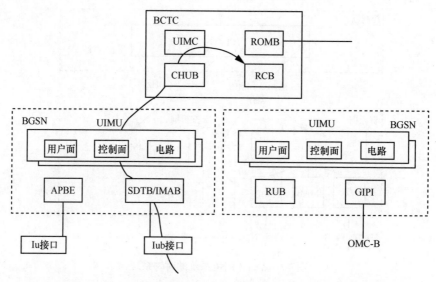

图7-9　Iub接口信令数据流向示意

7.1.2.3　Iur/Iu 接口信令数据流向

以下行方向为例，Iur/Iu接口信令数据流向如图7-10所示，上行方向相反。

流向说明如下。

① 从Iur/Iu接口来的信令，经过接入单元的APBE，进行AAL5 SAR适配，还经过APBE的HOST处理。

② 经交换单元分发到RCB处理。

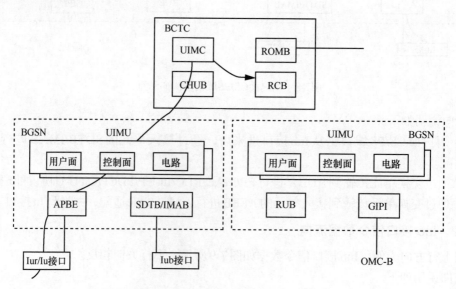

图7-10　Iur/Iu接口信令数据流向示意

7.1.2.4 Node B 操作维护数据流向

以上行方向为例，Node B操作维护数据流向如图7-11所示，下行方向相反。

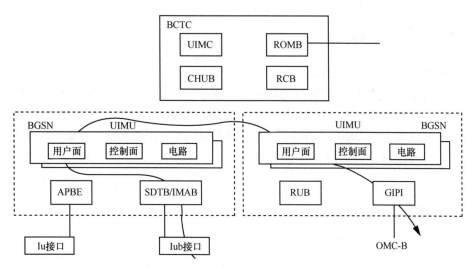

图7-11 Node B操作维护数据流向示意

流向说明如下。

① 从Iub接口来的Node B操作维护数据，经过接入单元的SDTB/IMAB进行IMA处理以及AAL5 SAR适配。

② 经过交换单元送至GIPI，完成与OMC-B之间的连接。

7.1.2.5 Uu 接口信令数据流向

以上行方向为例，Uu接口信令数据流向如图7-12所示，下行方向相反。

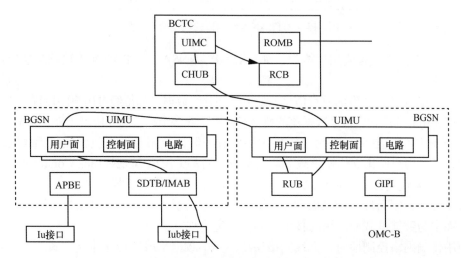

图7-12 Uu接口信令数据流向示意

流向说明如下。

① Uu接口信令承载在Iub接口的用户面，经过接入单元SDTB/IMAB进行IMA处理以

及 AAL5 SAR 适配。

② 经交换单元分发到 RUB，经过 RUB 的 HOST 处理。

③ 经交换单元分发到 RCB 处理。

7.1.3 RNC 相关接口协议

在前面的学习中，我们已经了解到与 RNC 相关的接口有 Iu 接口、Iub 接口、Iur 接口、Uu 接口。接下来，我们对这些接口的协议有个基本的认识，进而掌握 RNC 与其周围网元间的通信过程。由于 Iur 接口目前在现网中未使用，而 Iu 接口、Iub 接口均属于 UTRAN 地面接口，满足 UTRAN 通用协议模型，下面先从 UTRAN 通用协议模型开始进行介绍。

7.1.3.1 UTRAN 地面接口的通用协议模型

从图 7-13 中可以看到，UTRAN 的层次从水平方向上可以分为传输网络层和无线网络层；从垂直方向上则包括 4 个面。

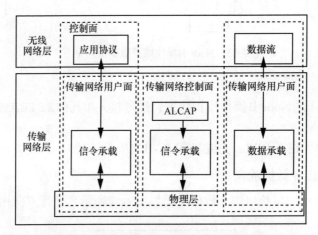

图7-13　UTRAN地面接口的通用协议模型

① 控制面：其包含应用层协议，如 RANAP、RNSAP、NBAP 和传输网络层应用协议的信令承载。

② 用户面：用户收发的所有信息，如语音和分组数据，都得经过用户面传输。用户面包括数据流和相应的承载，每个数据流的特征都由一个或多个接口的帧协议（FP）来描述。

③ 传输网络控制面：其为传输层内的所有控制信令服务，不包含任何无线网络层信息。它包括为用户面建立传输承载（数据承载）的 ALCAP（Access Link Control Application Protocol，接入链路控制应用协议），以及 ALCAP 需要的信令承载。

传输网络控制面位于控制面和用户面之间，它的引入使无线网络层控制面的应用协议与用户面中为数据承载而采用的技术之间可以完全独立。

使用传输网络控制面时，无线网络层用户面中数据承载的传输建立方式如下：对无线网络控制面的应用协议进行一次信令处理，并通过 ALCAP 建立数据承载。

另外值得注意的是：ALCAP 不一定用于所有类型的数据承载，如果没有 ALCAP 的信令处理，传输网络控制面就没有存在的必要了。在这种情况下，我们采用预先配置的数据承载。

④ 传输网络层用户平面：用户平面的数据承载和控制平面的信令承载都属于传输网络层的用户平面。传输网络层用户平面的数据承载在实时操作期间由传输网络层控制平面直接控制。

1. 控制面和用户面

在UTRAN系统中，无线网络层的每个接口上都有用户面和控制面。

控制面的作用：控制无线接入承载及UE和网络之间的连接，透明传输非接入层消息。其中包含了各种接口协议（如：RANAP、RNSAP、NBAP、RRC等）。

用户面的作用：传输通过接入网的用户数据。

无线网络层每个接口的控制面协议如下。

Iu接口：RANAP（Radio Access Network Application Protocol，无线接入网络应用协议）。

Iur接口：RNSAP（Radio Access Network Subsystem Application Protocol，无线网络子系统应用协议）。

Iub接口：NBAP（Node B Application Protocol，Node B应用协议）。

Uu接口：RRC（无线电资源控制）协议。

所有无线网络层的用户面数据和控制面数据都是传输网络层的用户面；传输网络层的控制面协议是ALCAP。

接入层和非接入层

接入层和非接入层的概念是针对移动终端UE与核心网的通信来说的。接入层通过服务接入点（SAP）承载上层的业务；非接入层信令属于核心网功能，其作用是在移动终端UE和核心网之间传递消息或用户数据，接入层和非接入层的示意如图7-14所示。

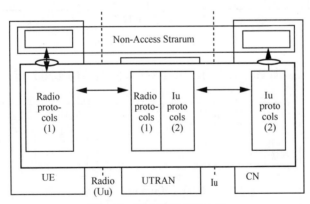

图7-14 接入层和非接入层

2. UTRAN 地面接口

UTRAN地面接口即有线接口，包含三种类型的接口：Iu接口、Iub接口以及Iur接口。

（1）Iu接口

Iu接口是连接UTRAN和CN的接口，也可以把它看成是RNS和核心网之间的一个参考点。它将系统分成用于无线通信的UTRAN和负责处理交换、路由和业务控制的核心网两部分。

功能：Iu接口主要负责传递非接入层的控制信息、用户信息、广播信息及控制Iu接口上的数据传递等。

（2）Iub接口

Iub接口是RNC和Node B之间的逻辑接口，它是一个标准接口，允许不同厂家的互联。

标准的Iub接口由用户数据传送、用户数据及信令的处理和Node B逻辑上的O&M等三部分组成。

功能：管理Iub接口的传输资源、Node B逻辑操作维护、传输操作维护信令、系统信息管理、专用信道控制、公共信道控制和定时以及同步管理。

7.1.3.2 Iu 接口相关协议

1. Iu 接口协议结构

结构：一个CN可以和几个RNC相连，而任何一个RNC和CN之间的Iu接口可以分成3个域：电路交换域（Iu-CS）、分组交换域（Iu-PS）和广播域（Iu-BC），它们有各自的协议模型。图7-15所示为Iu接口的逻辑结构。

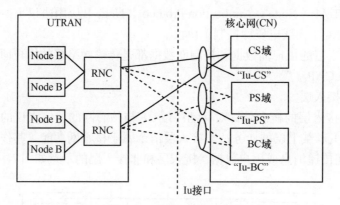

图7-15　Iu接口逻辑结构

Iu-CS接口协议结构如图7-16所示，Iu-PS接口协议结构如图7-17所示。

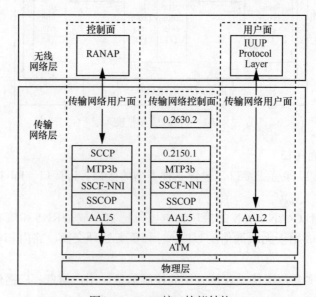

图7-16　Iu-CS接口协议结构

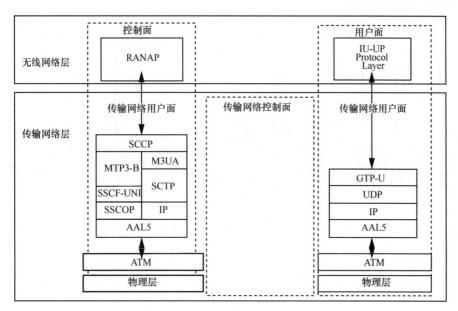

图7-17　Iu-PS接口协议结构

2. 重点协议

① RANAP（无线接入网络应用部分协议）是Iu接口控制面最重要的协议，主要实现在RNC和CN之间通过对高层协议的封装和承载为上层业务提供信令传输功能，具体包括Iu接口的信令管理、RAB管理、寻呼功能、UE-CN信令直传功能等。

② Iu-UP（Iu接口用户面协议）主要用于在Iu接口传递RAB相关的数据，包括透明和支持两种模式，前者用于实时性不高的业务（如分组业务），后者用于实时业务（如Iu-CS的AMR语音数据）。

③ ALCAP（接入链路控制应用协议）主要对无线网络层的命令如建立、保持和释放数据承载做出反应，实现对用户面AAL2连接的动态建立、维护、释放和控制等功能。

7.1.3.3　Iub接口相关协议

1. Node B 逻辑模型

Node B的逻辑模型由小区、公共传输信道及其传输端口、Node B通信上下文及其对应的DSCH、DCH等端口、Node B控制端口（NCP）以及通信控制端口（CCP）等几部分组成，如图7-18所示。

① Node B控制端口（NCP）：一个Node B上仅有一条NCP链路，RNC对于Node B所有的公用的控制信令都是从NCP链路传送的。NCP链路的建立和释放可以由RNC端以建链请求和释放请求的形式主动发起，也可以由Node B端主动发起。

② 通信控制端口（CCP）：一个Node B可以有多条CCP链路，RNC对于Node B所有的专用的控制信令都是从CCP链路传送的。一般情况下，Node B内的一个CELL配置一个CCP。

2. Iub 接口相关协议

Iub接口控制面的高层协议是NBAP，用户面则由若干帧协议（FP）构成。其协议结构如图7-19所示。

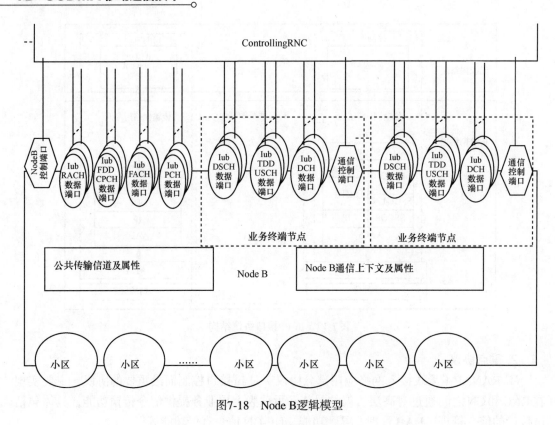

图7-18 Node B 逻辑模型

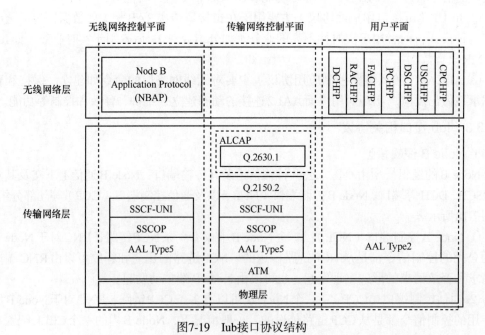

图7-19 Iub接口协议结构

NBAP的功能主要包括Node B逻辑操作维护功能和专用NBAP功能。

Node B逻辑操作维护功能主要包括小区、公共信道的建立、重配置和释放以及小区和Node B相关的一些测量控制，还有一些故障管理功能，如资源的闭塞、解闭塞、复位等。

专用NBAP功能主要包括无线链路的增加、删除和重配置、无线链路相关测量的初始化和报告、无线链路故障管理等功能。

7.1.3.4 Uu 接口协议结构

Uu接口协议结构如图7-20所示。

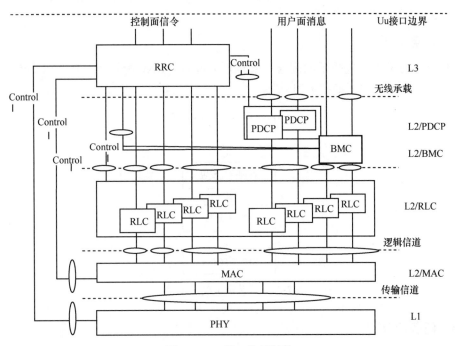

图7-20 Uu接口协议结构

① PHY：传输信道到物理信道的映射。

② MAC：逻辑信道到传输信道的映射，提供数据传输服务。其主要包括MAC-b、MAC-c、MAC-d 3种实体。

③ RLC：提供用户和控制数据的分段和重传服务，分为透明传输（TM）、非确认传输（UM）、确认传输（AM）3类服务。

④ PDCP：提供分组数据传输服务，只针对PS业务，完成IP标头的数据压缩。

⑤ BMC：在用户平面提供广播多播的发送服务，用于将来自于广播域的广播和多播业务适配到空中接口。

⑥ RRC提供：系统信息广播、寻呼控制、RRC连接控制等功能。

▶▶ 7.2 典型任务

本任务通过虚拟平台ZXTR TD-SCDMA实验仿真软件对RNC管理网元进行数据配置，模拟实现RNC的开局，对于ZXTR RNC的开局过程需要进行公共资源配置、物理设备配置、ATM通信端口配置以及局向配置，最后通过创建Node B和服务小区来实现RNC对无线资源的管理，具体配置过程请见以下5个子任务。

7.2.1　任务一：公共资源配置

7.2.1.1　任务描述

公共资源配置是整个配置管理的基础，通过公共资源的配置可以实现对TD-SCDMA子网以及RNC全局资源的管理。

7.2.1.2　任务分析

公共资源配置主要包括子网配置、管理网元配置、RNC配置集、RNC全局资源配置。公共资源配置的先后顺序如图7-21所示。

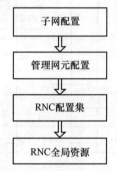

图7-21　公共资源配置流程图

7.2.1.3　任务步骤

1. 子网配置

某一地区TD-SCDMA网络的管理是通过划分子网的方式来进行的，因此在RNC配置之初，首先要创建子网。

① 在虚拟桌面窗口中，双击虚拟桌面上的【启动服务器】图标或【服务器控制】图标进行启动服务器，双击虚拟桌面上的【启动客户端】图标进行启动客户端，如图7-22所示。

图7-22　启动服务器与客户端

② 在配置资源树窗口中，单击鼠标右键选择【配置资源树→OMC→创建→TD UTRAN子网】，如图7-23所示。

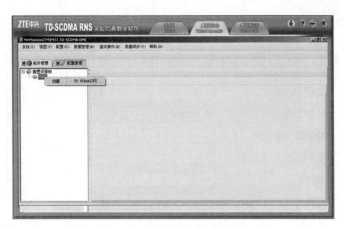

图7-23　创建TD UTRAN子网对象

③ 单击【TD UTRAN子网】，弹出如图7-24所示对话框。

图7-24　创建TD UTRAN子网对象对话框

④ 单击【确定】按钮，创建对应UTRAN子网对象。

2. 管理网元配置

在完成了子网的创建之后，要实现对子网中RNC资源的管理，接下来先要创建RNC管理网元。

① 在配置资源树窗口中，单击鼠标右键选择【配置资源树→OMC→子网用户标识→创建→TD RNC管理网元】，如图7-25所示。

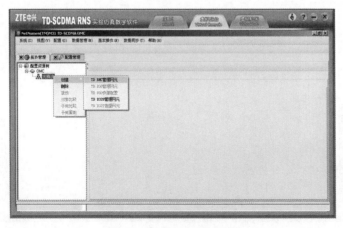

图7-25　创建RNC管理网元

② 单击【TD RNC管理网元】，弹出如图7-26所示对话框。

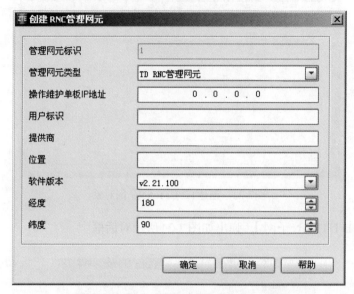

图7-26 创建TD RNC管理网元配置对话框

③ 单击【确定】按钮，创建对应的TD RNC管理网元配置对象，同时连带创建主用配置集对象。

3. 全局资源配置

RNC全局资源的配置包括关键信息和全局补充资源的配置，通过这一步可以实现与RNC的相关的属性值的配置和管理。

① 在配置资源树窗口中，单击鼠标右键选择【配置资源树→OMC→子网用户标识→管理网元用户标识→配置集标识→创建→RNC全局资源】，如图7-27所示。

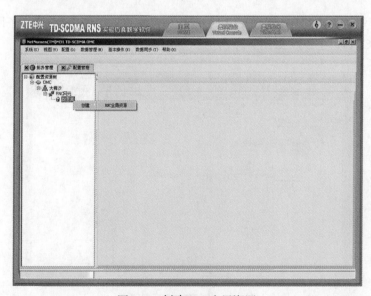

图7-27 创建RNC全局资源

② 单击【RNC全局资源】，弹出如图7-28所示对话框。

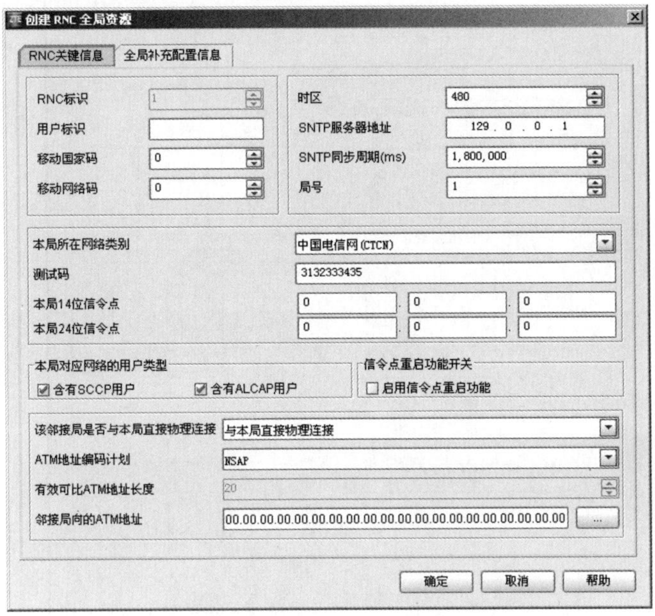

图7-28 创建RNC全局资源对话框

③ 单击[确定]按钮，完成创建RNC全局资源。

7.2.2 任务二：物理设备配置

7.2.2.1 任务描述

物理设备配置是为了在后台网管中创建与前台RNC相对应的物理设备，包括RNC的机架、机框、单板等，以便实现后台对前台设备的管理与操作。

7.2.2.2 任务分析

RNC物理设备配置需根据实际设备的容量大小、型号、位置，配置机架、机框、单板的相关参数。因此，在物理设备配置前，先要观察前台虚拟机房中所安装的机架、机框、单板的型号和位置，并做好记录。另外，有关RNC单板及其接口方面的参数可通过"信息查看"界面获取。

7.2.2.3 任务步骤

1. 机架配置

机架配置方式分为两种，一种是快速创建标准机架，另一种是手动创建标准机架，其中，手动创建标准机架时需按照机架、机框、单板的顺序先后进行配置。

（1）快速创建标准机架

① 在配置资源树窗口中，单击鼠标右键选择【配置资源树→OMC→子网用户标识→管理网元用户标识→配置集标识→RNC全局资源用户标识→设备配置→创建→快速创建机架】，弹出图7-29所示界面。

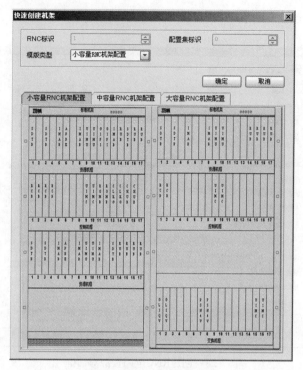

图7-29　快速创建机架

② 然后，按【确定】按钮，完成快速创建机架。

> ### 📖 注意
>
> 　　本虚拟机房是小容量RNC机架配置。采用快速创建机架方式时，无须再进行机框、单板的添加，直接在相应单板中配置相关参数，此仿真软件中只需要对ROMB、APBE、GIPI进行相关接口的配置。

（2）创建标准机架

在配置资源树窗口中，单击鼠标右键选择【配置资源树→OMC→子网用户标识→管理网元用户标识→配置集标识→RNC全局资源用户标识→设备配置→创建→标准机架】，弹出图7-30所示界面。

图7-30　创建标准机架

2. 机框配置

① 在配置资源树窗口中，双击鼠标左键选择【配置资源树→OMC→子网用户标识→管理网元用户标识→配置集标识→RNC全局资源用户标识→设备配置→标准机架1】，在视图右边的标准机架空白框上单击鼠标右键，选择【创建→机框】，弹出图7-31所示界面。

图7-31　创建机框

② 选择要创建的机框的类型，单击【确定】按钮，完成创建机框。

 注意

> 在RNC机架框配置里，要先创建控制框。

3. 单板配置

根据在虚拟机房中观察到的单板型号和位置，我们在控制框和资源框上创建相应的单板，下面分别说明。

（1）控制框

在配置资源树窗口中，双击鼠标左键选择【配置资源树→OMC→子网用户标识→管理网元用户标识→配置集标识→RNC全局资源用户标识→设备配置→标准机架1】，在视图右边的标准机架第二机框上，可创建ROMB、UIMC、CLKG、RCB、CHUB等单板，如图7-32所示。

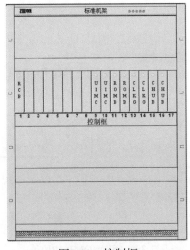

图7-32　控制框

1）创建ROMB

ROMB单板必须第一个创建，主备配置，固定插入11、12槽位。

在控制框上右击第11号单板槽位，选择【创建单板】，弹出如图7-33所示界面。

【基本信息】子页面中，在【单板功能类型】下拉框中选择【ROMB】，根据实际配置要求在【备份方式】下拉框中选择【1+1备份】或【无备份】。

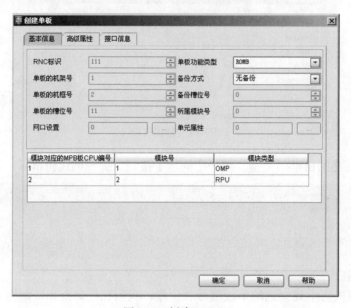

图7-33　创建ROMB

【接口信息】子页面中，用户可按实际需求配置接口信息。图7-34所示为配置ROMB IP地址。

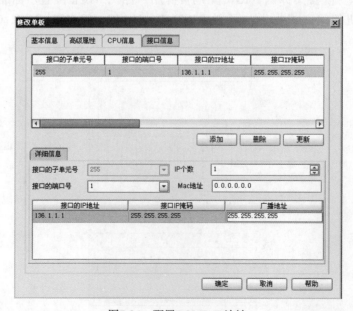

图7-34　配置ROMB IP地址

其中ROMB的IP地址在虚拟后台桌面上的【信息查看】模块中查看。

最后单击【确定】按钮，完成创建ROMB单板。

> **注意**
>
> ROMB的IP地址掩码一定是255.255.255.255，且填写完所有IP地址后单击【添加】按钮添加该IP地址，这样所填写的IP地址才能有效。另外，此IP地址的配置是后续统一分配IPUDP的IP地址配置的基础。

2）创建UIMC

UIMC单板2块，主备配置，固定插在9、10槽位，必须配置。

在控制框上右击第9号单板槽位，选择【创建单板】，弹出如图7-35所示界面。在【单板功能类型】下拉框中选择【UIMC】，根据实际配置要求在【备份方式】下拉框中选择【1+1备份】，单击【确定】按钮完成【UIMC】单板配置。

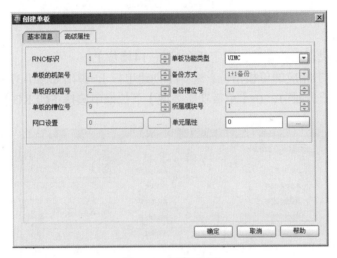

图7-35　创建UIMC

3）创建RCB

RCB单板1～11块，主备配置，可以插在1～8槽位、13～14槽位及17槽位上，数目根据配置容量可选。

在控制框上右击相应的单板槽位，选择【创建单板】，弹出如图7-36所示界面。

【基本信息】子页面中，在【单板功能类型】下拉框中选择【RCB】，根据实际配置要求在【备份方式】下拉框中选择【1+1备份】或【无备份】，模块信息配置表中的模块号取值范围为【3,63】。

> **注意**
>
> RCB单板的模块号取值范围为【3,63】，在现网中我们一般将第一块RCB的CPU1和CPU2对应的模块号设为10和11。

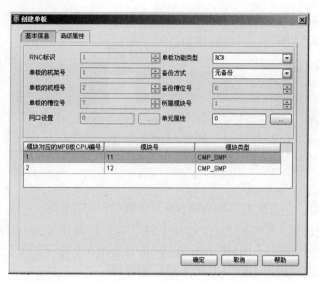

图7-36　创建RCB

4）创建CLKG

CLKG单板2块，主备配置，固定插在13～14槽位上。

在控制框上右击相应的单板槽位，选择【创建单板】，弹出如图7-37所示界面。

【基本信息】子页面中，在【单板功能类型】下拉框中选择【CLKG】。

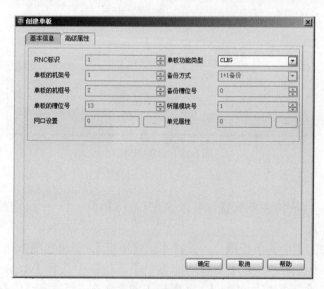

图7-37　创建CLKG

5）创建CHUB

CHUB单板2块，主备配置，固定插在15～16槽位上。

在控制框上右击相应的单板槽位，选择【创建单板】，弹出如图7-38所示界面。

【基本信息】子页面中，在【单板功能类型】下拉框中选择【CHUB】，根据实际配置要求在【备份方式】下拉框中选择【1+1备份】或【无备份】。

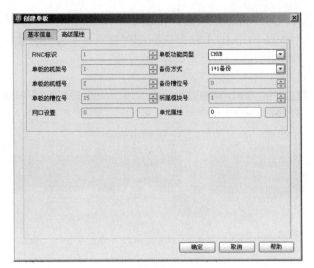

图7-38 创建CHUB

（2）资源框

在配置资源树窗口中，双击鼠标左键选择【配置资源树→OMC→子网用户标识→管理网元用户标识→配置集标识→RNC全局资源用户标识→设备配置→标准机架1】，在视图右边的标准机架第一机框上，可创建UIMU、RUB、APBE、GIPI、IMAB、SDTB等单板，如图7-39所示。

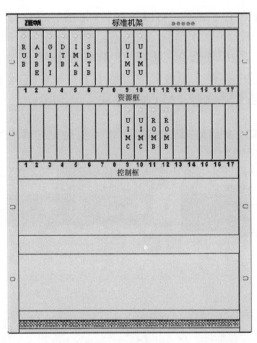

图7-39 资源框

1）创建UIMU

UIMU单板2块，主备配置，固定插在9、10槽位，必须配置。

在控制框上右击第9号单板槽位，选择【创建单板】，弹出界面如图7-40所示。在【单板功能类型】下拉框中选择【UIMU】，根据实际配置要求在【备份方式】下拉框中选择【1+1备份】，单击【确定】按钮完成UIMU单板配置。

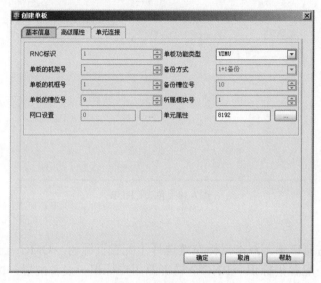

图7-40　创建UIMU

2）创建RUB

RUB单板1～15块，主备配置，可以插在1～8槽位或11～17槽位上，数目根据配置容量可选。

在控制框上右击相应的单板槽位，选择【创建单板】，弹出如图7-41所示界面。

【基本信息】子页面中，在【单板功能类型】下拉框中选择【RUB】，根据实际配置要求在【备份方式】下拉框中选择【1+1备份】或【无备份】。

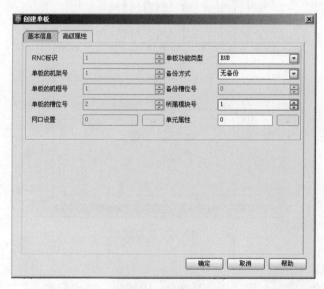

图7-41　创建RUB

3）创建APBE

APBE单板1～15块，主备配置，可以插在1～8槽位或11～17槽位上，数目根据配置容量可选。

在控制框上右击相应的单板槽位，选择【创建单板】，弹出如图7-42所示界面。

【基本信息】子页面中，在【单板功能类型】下拉框中选择【APBE】，根据实际配置要求在【备份方式】下拉框中选择【无备份】。

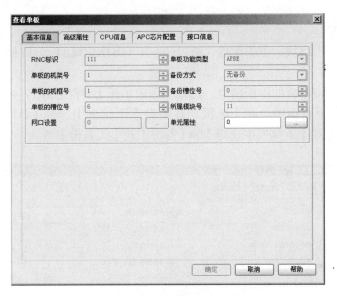

图7-42　创建APBE

【接口信息】子页面中，用户可按实际需求配置接口信息。图7-43所示为配置APBE IP地址。

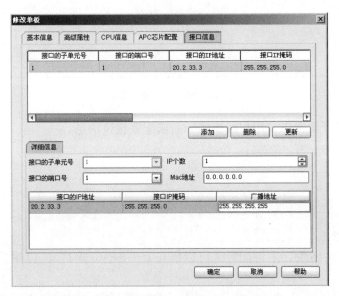

图7-43　配置APBE IP地址

其中APBE的IP地址在虚拟后台桌面上的【信息查看】模块中查看。

 注意

APBE接口信息配置与CN侧数据一定要一致，否则手机开机后网络不通。

APBE所属模块号与RCB的CPU模块号一致。填写完IP地址项一定要单击[添加]按钮。

4）创建IMAB

IMAB单板1~15块，主备配置，可以插在1~8槽位或11~17槽位上，数目根据配置容量可选。

在控制框上右击相应的单板槽位，选择【创建单板】，弹出如图7-44所示界面。

【基本信息】子页面中，在【单板功能类型】下拉框中选择【IMAB】，根据实际配置要求在【备份方式】下拉框中选择【1+1备份】或【无备份】。

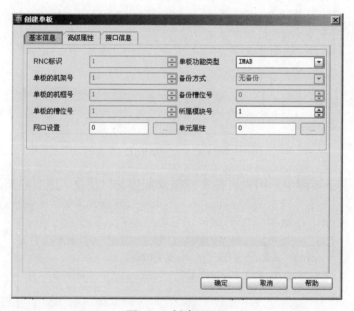

图7-44　创建IMAB

【接口信息】子页面中，用户可按实际需求配置接口信息。

 **注意**

IMAB接口信息与CN侧不一致，则引起OMCB通道建立失败。

5）创建GIPI板

GIPI单板1~15块，主备配置，可以插在1~8槽位或11~17槽位上，数目根据配置容量可选。

在控制框上右击相应的单板槽位，选择【创建单板】，弹出如图7-45所示界面。

【基本信息】子页面中，在【单板功能类型】下拉框中选择【GIPI】，根据实际配置要求在【备份方式】下拉框中选择【1+1备份】或【无备份】。

图7-45　创建GIPI板

【接口信息】子页面中，用户可按实际需求配置接口信息。

GIPI是连接CN的PS域的接口单板，此处PS域以IP承载，需要配置接口IP地址。这是一个对接数据，依据对接数据表在GIPI单板上进行配置，如图7-46所示。

图7-46　GIPI板接口IP地址配置

 **注意**

GIPI接口信息与CN侧不一致，则引起OMCB通道建立失败。

6）创建 SDTB

SDTB 单板 1 ～ 15 块，主备配置，可以插在 1 ～ 8 槽位或 11 ～ 17 槽位上，数目根据配置容量可选。

在控制框上右击相应的单板槽位，选择【创建单板】，弹出界面如图 7-47 所示。

【基本信息】子页面中，在【单板功能类型】下拉框中选择【SDTB】。

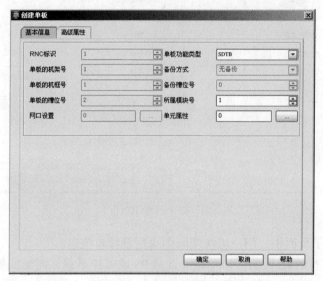

图7-47　创建SDTB板

7）统一分配 IPUDP IP 地址

统一分配 IPUDP 的 IP 地址是为了实现 ROMB 对 RUB 的路由管理功能，在统一分配 IPUDP 的 IP 地址之前，需要先在 ROMB 的 RPU 模块上配置 UDP IP 地址，此操作已在前面创建 ROMB 中被配置。

① 在配置资源树窗口中，单击鼠标右键选择【配置资源树→OMC→子网用户标识→管理网元用户标识→配置集标识→设备配置→统一分配 IPUDP IP 地址】，如图 7-48 所示。

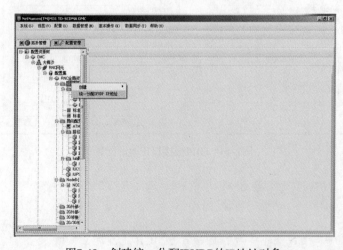

图7-48　创建统一分配IPUDP的IP地址对象

② 单击【统一修改IPUDP的IP地址】，弹出如图7-49所示对话框。

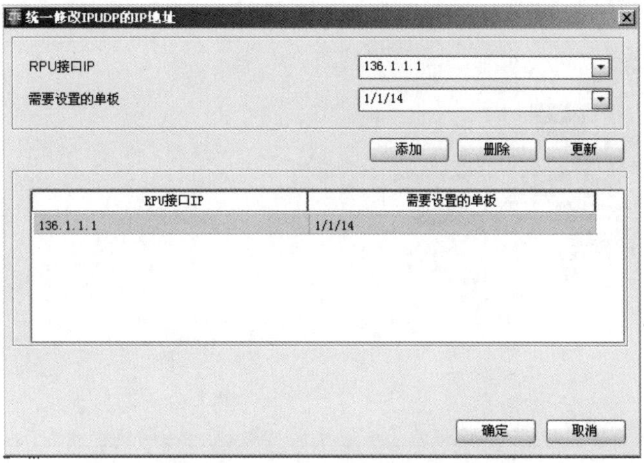

图7-49　创建统一分配IPUDP的IP地址对话框

③ 选择RPU接口IP和需要设置的单板，然后单击【添加】按钮，最后单击【确定】按钮，创建统一分配IPUDP的IP地址对象。

学习小贴士

在标准机架配置属性页面，右击RUB单板槽位，选择【IPUDP配置】，打开IPUDP对话框，可查看对此RUB单板槽位的统一分配IPUDP的IP地址。

7.2.3　任务三：ATM通信端口配置

7.2.3.1　任务描述

ATM端口配置主要是对RNC及与RNC相连的Iu-CS、Iu-PS和Iub进行承载信令和承载数据的AAL2通道和IPOA的链路配置。当RNC与其邻接网元间的通信采用ATM传输方式时，需要进行ATM通信端口的配置，来为后续的局向配置提供基础。

7.2.3.2　任务分析

本虚拟环境中采用APBE单板作为RNC与CN、Node B间的通信接口板，因此需在该单板上配置ATM通信端口。APBE单板及其端口的数据需要根据前台单板的实际配置选择，端口的相关参数在本仿真软件中的【信息查看】界面提供。如果Iu接口和Iub接口走IP承载就无须配置此项。

7.2.3.3　任务步骤

① 在配置资源树窗口中，单击鼠标右键选择【配置资源树→OMC→子网用户标识→管理网元用户标识→配置集标识→RNC全局资源用户标识→局向配置→创建→ATM通信端口配置】，如图7-50所示。

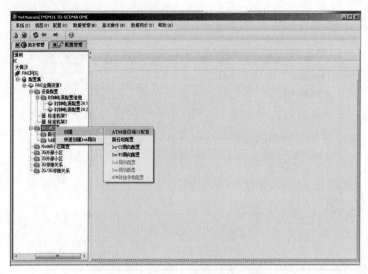

图7-50 创建ATM通信端口配置

② 单击【ATM通信端口配置】，弹出对话框如图7-51所示。

图7-51 ATM通信端口配置常用属性对话框

③ 选择所要配置的ATM通信端口的板卡的架/框/槽、传输方式、通信端口号、UNI
标识等参数。

④ 单击【确定】按钮，成功创建ATM资源配置。

7.2.4 任务四：局向配置

7.2.4.1 任务描述

局向配置是对RNC以及与RNC相连接的Iu-CS、Iu-PS和Iub进行信令链路和对用来承载数据的AAL2通道和IPOA进行的配置，本任务主要通过Iu-CS局向、Iu-PS局向、Iub局向的配置来建立RNC与CN、Node B间的链路连接。

7.2.4.2 任务分析

Iu-CS局向配置主要包括基本信息、传输路径信息、AAL2通信信息、宽带信令链路的配置。当Iu-CS局向为ATM承载时，还需要先创建路径组信息。

Iu-PS局向配置主要包括基本信息、IPOA信息、宽带信令链路的配置。

Iub局向配置主要包括基本信息、AAL2通信信息、OMCB、宽带信令链路的配置。

7.2.4.3 任务步骤

1. 路径组配置

由于Iu-CS局向配置采用的是ATM承载方式，因此在配置Iu-CS局向前需要创建路径组，为Iu-CS局向提供传输的通道。而Iu-PS局向配置采用的是IP承载方式，因此无须配置路径组。

① 配置资源树窗口，单击鼠标右键选择【配置资源树→OMC→子网用户标识→管理网元用户标识→配置集标识→RNC全局资源用户标识→局向配置→创建→路径组配置】，如图7-52所示。

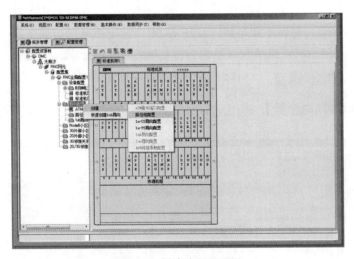

图7-52 创建路径组配置

② 单击【路径组配置】，弹出对话框如图7-53所示。

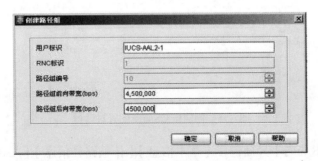

图7-53 创建路径组配置对话框

③ 单击【确定】按钮，创建对应路径组配置。

2. Iu-CS 局向配置

Iu-CS局向配置的目的是建立RNC与CN中电路域间的链接。

①配置资源树窗口，单击鼠标右键选择【配置资源树→OMC→子网用户标识→管理网元用户标识→配置集标识→RNC全局资源标识→局向配置→创建→Iu-CS局向配置】，如图7-54所示。

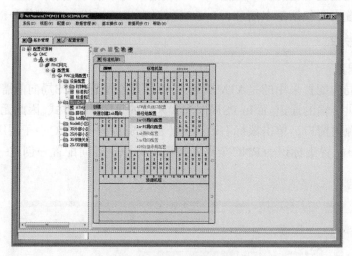

图7-54　创建Iu-CS局向配置

②单击【Iu-CS局向配置】，弹出对话框如图7-55所示。

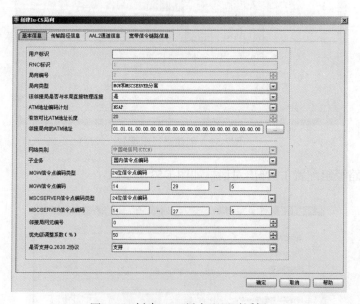

图7-55　创建Iu-CS局向配置对话框

③【创建Iu-CS局向】界面包含【基本信息】、【传输路径信息】、【AAL2通道信息】、【宽带信令链路信息】4个页面，下面对每个页面分别进行介绍。

a.【基本信息】页面如图7-56所示。

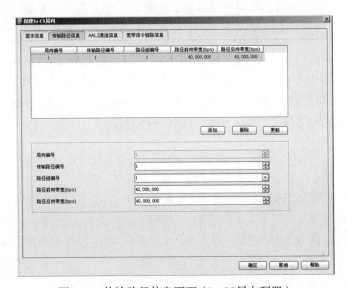

图7-56　基本信息页面

 注意

若邻接局向的ATM地址配置与CN侧不一致，则引起RAB指配失败。

若MGW信令点编码配置与CN侧不一致，则至MGW信令点不可达。

若MSCSERVER信令点编码配置与CN侧不一致，则至MSCSERVER信令点不可达。

b.【传输路径信息】页面如图7-57所示，单击【添加】按钮添加Iu-CS路径组，当所有分菜单参数设置完成，单击【确定】按钮使参数生效。

图7-57　传输路径信息页面（Iu-CS局向配置）

依据数据规划进行传输路径信息的配置，与之前配置的路径组信息需要一一对应。

c.【AAL2通道信息】页面如图7-58所示。各参数具体取值请在虚拟后台桌面上的【信息查看】模块中查看。该页参数配置完成，单击【添加】按钮添加该项参数。

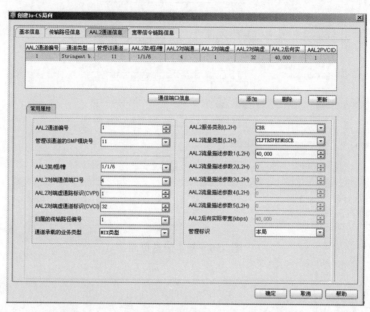

图7-58　AAL2通道信息页面（Iu-CS局向配置）

AAL2通道是本RNC和相邻ATM局间的用户面数据承载通道，这种通道主要作用于RNC和CS域以及RNC和Node B之间。

📖 **注意**

若AAL2通道信息的AAL2通道编号与CN侧不一致，则引起RAB支配失败。
若AAL2通道信息的VPI/VCI配置与CN侧不一致，则引起RAB支配失败。

d.【宽带信令链路信息】页面如图7-59所示。各参数具体取值请在虚拟后台桌面上的【信息查看】模块中查看。该页参数配置完成，单击【添加】按钮添加该项参数。

宽带信令链路信息的配置即对Iu-CS AAL5数据的配置，依据规划的数据进行配置，其中SLC、VPI/VCI均是对接数据，需要与CN进行对接。

📖 **注意**

若宽带信令链路信息的SLC编号与CN侧不一致，则至MGW、MSCSERVER信令点不可达。
若宽带信令链路信息的VPI和VCI与CN侧不一致，则至MGW、MSCSERVER信令点不可达。

④ 单击【确定】按钮，创建对应Iu-CS局向配置。

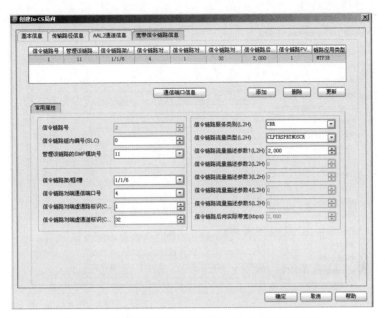

图7-59　宽带信令链路信息页面（Iu-CS局向配置）

3. Iu-PS 局向配置

Iu-PS局向配置的目的是建立RNC与CN中分组域间的链接。

① 配置资源树窗口，单击鼠标右键选择【配置资源树→OMC→子网用户标识→管理网元用户标识→配置集标识→RNC全局资源标识→局向配置→创建→Iu-PS局向配置】，如图7-60所示。

图7-60　创建Iu-PS局向配置对话框

② 单击【Iu-PS局向配置】，弹出对话框如图7-61所示。各参数具体取值请在虚拟后台桌面上的【信息查看】模块中查看。

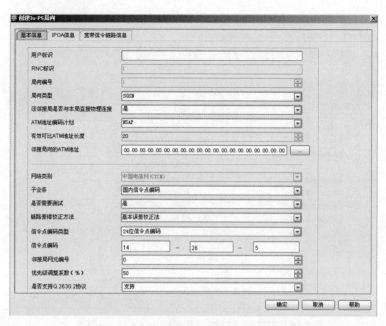

图7-61 基本信息页面（Iu-PS局向配置）

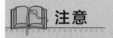 **注意**

若基本信息中的信令点编码与CN侧不一致，则至SGSN信令点不可达。

①【IPOA信息】页面如图7-62所示。各参数具体取值请在虚拟后台桌面上的【信息查看】模块中查看。该页参数配置完成，单击【添加】按钮添加该项参数。

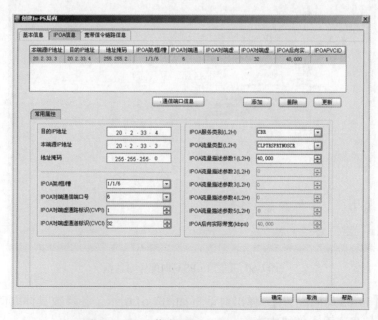

图7-62 IPOA信息页面（Iu-PS局向配置）

IPOA信息的配置用于在ATM上承载IP，主要作用于RNC和PS域之间的用户面数据通道以及RNC和Node B之间的OMCB数据通道。

 注意

本虚拟后台中需要先在APBE板对应端口配置IP地址。

②【宽带信令链路信息】页面如图7-63所示。各参数具体取值请在虚拟后台桌面上的【信息查看】模块中查看。该页参数配置完成，单击【添加】按钮添加该项参数。

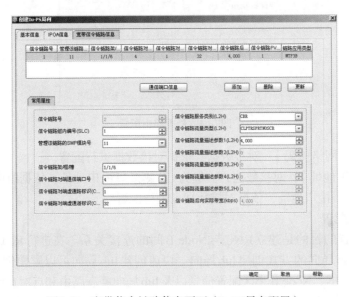

图7-63 宽带信令链路信息页面（Iu-PS局向配置）

③单击【确定】按钮，创建对应Iu-PS局向配置。

 注意

若宽带信令链路信息中信令链路的SLC与CN侧不一致，则至SGSN信令点不可达。
若宽带信令链路信息中信令链路的VPI和VCI与CN侧不一致，则至SGSN信令点不可达。

④静态路由配置。

PS局向以IP承载时需要配置静态路由，包括用户面IP地址路由和信令链路IP地址路由两种，具体路由条数根据实际规划而定。操作步骤为[RNC全局资源→高级属性]，弹出的对话框如图7-64所示。

a.【静态路由号标识】：全局唯一，从1开始类推。

b.【下一跳是IP还是接口地址】：此处选择IP。

c.【静态路由网络前缀】：对接数据，CN侧用户面或信令面IP地址前缀，依据对接数据进行配置。

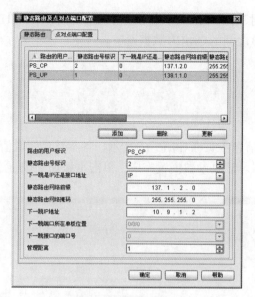

图7-64　静态路由配置

d.【静态路由网络掩码】：对接数据，依据对接数据进行配置。

e.【下一跳IP地址】：对接数据，一般为CN侧接口板IP地址，依据组网情况，也可能是交换机或路由器接口地址，依据对接数据表进行配置。

4. Iub 局向配置

Iub局向配置的目的是建立RNC与Node B间的连接关系。在进行RNC配置时，可以采用快速创建Iub局向的方式创建Iub局向。快速创建Iub局向可以顺便创建Iub接口的路径组、Iub局向数据、Node B小区配置信息以及Iub局向静态路由和点对点端口信息。

① 配置资源树窗口，单击鼠标右键选择【配置资源树→OMC→子网用户标识→管理网元用户标识→配置集标识→RNC全局资源标识→局向配置→快速创建Iub局向】，如图7-65所示。

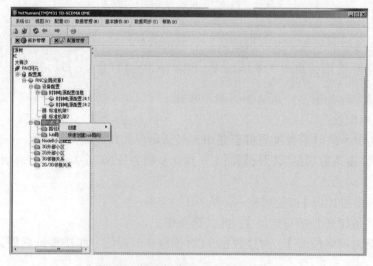

图7-65　快速创建Iub局向配置对话框

② 单击【快速创建Iub局向】，选择接口板位置、所接站型、Node B数量、E1数量、所属模块。填写完成单击【添加】按钮添加数据，最后单击【确定】按钮完成Iub局向的创建。完成Iub局向后界面如图7-66所示。

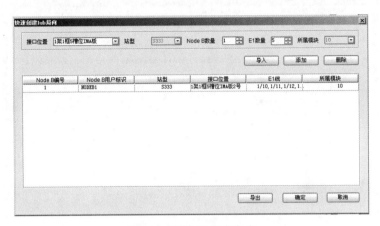

图7-66　创建Iub局向完成

③ 配置信息查询。配置资源树窗口，双击选择【配置资源树→OMC→子网用户标识→管理网元用户标识→配置集标识→RNC全局资源标识→局向配置→Iub局向配置→Iub用户标识】，在配置管理视图页面右侧显示该配置对象的配置属性页面，如图7-67所示。

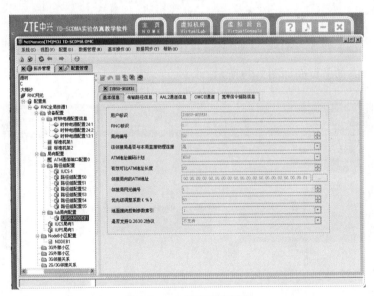

图7-67　Iub局向查询界面

📖 学习小贴士

在仿真软件里Iub局向为自动创建，所有Iub局向参数不需要手动修改。

【基本信息】页面如图7-68所示。

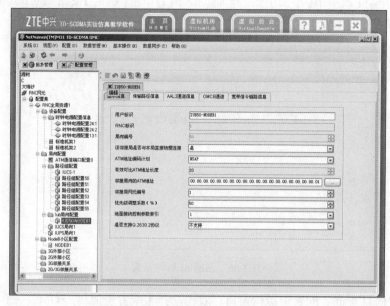

图7-68　基本信息页面（Iub局向配置）

 **注意**

若基本信息中邻接局向的ATM地址与Node B侧不一致，则RRC连接拒绝。

【传输路径信息】页面如图7-69所示。

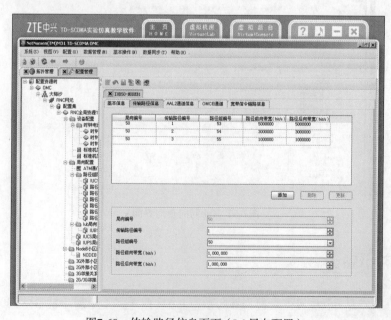

图7-69　传输路径信息页面（Iub局向配置）

【AAL2通道信息】页面如图7-70所示。

图7-70 AAL2通道信息页面（Iub局向配置）

注意

若AAL2通道信息的AAL2通道编号与Node B侧不一致，则公共信道未建立。
若AAL2通道信息的VPI/VCI配置与Node B侧不一致，则公共信道未建立。

【OMCB通道】页面如图7-71所示。

图7-71 OMCB通道页面（Iub局向配置）

【宽带信令链路信息】页面如图7-72所示。

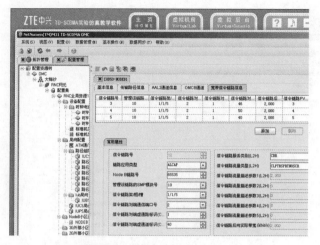

图7-72　宽带信令链路信息页面（Iub局向配置）

　　若宽带信令链路信息中NCP信令的VPI、VCI与Node B侧不一致，则仅限紧急呼叫。若宽带信令链路信息中CCP信令的VPI、VCI与Node B侧不一致，则引起RRC连接失败。

　　若宽带信令链路信息中CCP信令的Node B链路号与Node B侧不一致，则引起RAB指配失败。

　　若宽带信令链路信息中ALCAP信令的VPI、VCI与Node B侧不一致，则公共信道未建立。

7.2.5　任务五：创建Node B与服务小区

7.2.5.1　任务描述

　　本任务是在局向配置之后通过创建Node B、小区来实现RNC与Node B无线资源参数的对接，从而实现RNC对无线资源的管理与操作。

7.2.5.2　任务分析

　　在创建Node B与服务小区时，应根据网络中的实际规划选择相应的基站设备型号和站点类型，本仿真软件中的基站设备类型为B328。

7.2.5.3　任务步骤

1. 创建 Node B

在Node B目录上创建站点，依据命名规范，配置站点标识、NODEBID+_+站点名称，如0001_三期测试。

　　① 配置资源树窗口，单击鼠标右键选择【配置资源树→OMC→子网用户标识→管理

网元用户标识→配置集标识→RNC全局资源标识→Node B小区配置→创建→Node B 】，
如图7-73所示。

图7-73　创建Node B配置对话框

② 单击【Node B】，弹出对话框。

【创建Node B】界面包含【Node B基本信息】、【Node B链路信息】、【Site信息】3个页面。

a.【Node B基本信息】页面如图7-74所示。

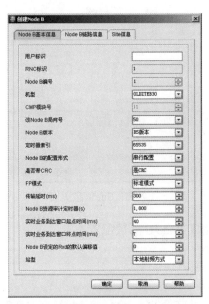

图7-74　基本信息页面（Node B配置）

学习小贴士

　　在仿真软件里创建Iub局向时自动对应相应的Node B，所有RNC管理网元侧Node B参数不需要手动修改。

b.【Node B链路信息】页面如图7-75所示。

图7-75　　Node B链路信息页面（Node B配置）

c.【Site信息】页面如图7-76所示。

图7-76　　Site信息页面

③ 单击[确定]按钮，完成Node B参数配置。

学习小贴士

目前，在仿真软件里只能实现O1、O3、S/1/1/1、S/3/3/3站型的仿真操作。

2. 创建服务小区

在站点目录上创建小区，小区个数根据实际情况配置。

① 配置资源树窗口，单击鼠标右键选择【配置资源树→OMC→子网用户标识→管理网元用户标识→配置集标识→RNC全局资源标识→Node B小区配置→Node B用户标识→创建→服务小区】，如图7-77所示。

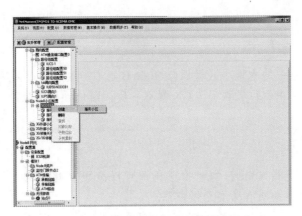

图7-77　创建服务小区配置对话框

② 单击【服务小区】，弹出对话框如图7-78所示。

图7-78　创建服务小区

【创建服务小区】界面包含【关键参数信息】、【载频时隙和功率配置】两个页面，下面对每个页面分别进行介绍。

a.【关键参数信息】页面如图7-79所示。

图7-79　关键参数信息页面（服务小区）

 **注意**

若关键参数信息中的本地小区标识与Node B侧不一致，则小区建立失败。

若关键参数信息中的位置区码与CN侧不一致，则位置更新拒绝。

 **学习小贴士**

本地小区标识是指Node B本地物理资源可以配置和建立的小区ID，对应于提供TD-SCDMA完整服务的所有必要无线资源。

小区标识一般用于标识一个Node B所管理的小区，是RNC通过小区建立消息在Node B上实际建立的小区。

本地小区标识与小区标识的对应关系在CRNC内配置，在小区建立信令过程中将小区标识赋给对应本地小区，以后CRNC和Node B之间使用小区标识通信。

b.【载频时隙和功率配置】页面如图7-80所示。

图7-80　载频时隙和功率配置页面（服务小区）

 **注意**

若载频时隙和功率配置信息中的载频个数与Node B侧的小区载频数量不一致，则小区建立失败。

③单击【确定】按钮，完成服务小区参数配置。

7.3　拓展训练

任务要求如下。

在TD-SCDMA RNS实验仿真软件上，通过查看虚拟机房和给定的参数配置表完成RNC设备的数据配置（基站设备型号为B328，站型为S3/3/3），主要包括RNC管理网元配置、Iu接口配置、Iub接口配置、服务小区配置。配置说明及RNC网管参数如下。

① 接口单板说明如下。

APBE（1/1/6）：1st STM-1与MGW相连（Iu-CS）、3rd STM-1与SGSN相连（Iu-PS）。

② RNC全局资源配置说明见表7-16。

表7-16　RNC全局资源配置

	参数	属性
RNC全局 资源配置	移动国家号码（MCC）	460
	3G移动网号（MNC）	07
	RNC标识	1
	操作维护单板IP地址	129.0.31.1
	局号	1
	网络类型	中国移动网
	本局24位信令点编码	14.31.11
	ATM地址编码方式	NSAP
	ATM地址长度(BYTE)	20
	ATM地址	05. 05. 05. 00. 00. 00. 00. 00. 00. 00. 00. 00. 00. 00. 00. 00. 00. 00. 00

③ 单板配置说明见表7-17。

表7-17　单板配置

	参数	属性
单板配置	GIPI—IP地址： （1/1/11，所属模块号1）	OMCB： 接口的端口号：1 IP：139.1.100.101 掩码：255.255.0.0 广播：139.1.255.255
	APBE接口IP地址 （1/1/6，所属模块号11）	接口的端口号：3 IP个数：1 IP：20.2.33.3 掩码：255.255.255.0 广播：255.255.255.255
	ROMB—IP地址	接口的端口号：1 IP个数：3 IP：136.1.1.1 IP：136.1.1.2 IP：136.1.1.3 掩码：255.255.255.255 广播：255.255.255.255
	IP UDPIP地址分配	RPU接口IP：136.1.1.1 RPU接口IP：136.1.1.2 RPU接口IP：136.1.1.3

④ ATM通信端口配置说明见表7-18。

（Iub局向快速配置时自动生成：选取1/1/5）

表7-18　ATM通信端口配置

架/框/槽	通信端口	传输方式	UNI标识
1-1-5	2	IMA	UNI
1-1-6	4	STM-1	NNI
1-1-6	6	STM-1	NNI

⑤ Iu-CS-AAL2路径组配置说明见表7-19。

表7-19　Iu-CS-AAL2路径组配置

路径标识	RNC ID	路径组编号
Iu-CS-AAL2-1	1	1

⑥ Iu-CS局向配置说明见表7-20。

表7-20　Iu-CS局向配置

参数	取值
局向类型	MGW和MSCSERVER分离
该邻接局是否与本局直接相连	是
ATM地址编码计划	NSAP
ATM地址	01. 01. 01. 00. 00. 00. 00. 00. 00. 00. 00. 00. 00. 00. 00. 00. 00. 00. 00
子业务	国内信令点编码
MGW信令点编码（24位）	14. 29. 5
MSC-SERVER信令点编码（24位）	14.27.5
传输路径信息	
传输路径编号	1
路径组编号	1
路径前、后向带宽（bit/s）	4500000
AAL2通道信息	
AAL2通道编号	1
管理该通道的SMP模块号	11
AAL2架/框/槽	1/1/6
通信端口号	4
VPI/VCI	2/41
归属的传输路径组编号	1
通道承载的业务类型	MIX类型

（续表）

参数	取值
宽带信令链路信息	
信令链路组内编号	0
管理该链路的SMP模块号	11
信令链路架/框/槽	1/1/6
通信端口号	4
VPI/VCI	1/32

⑦ Iu-PS局向配置说明见表7-21。

表7-21　Iu-PS局向配置

参数	属性
24位信令点编码	14. 26. 5
IPOA消息	
目的IP地址	20.2.33.4
源IP地址	20.2.33.3
地址掩码	255.255.255.0
IPOA架/框/槽	1/1/6
IPOA对端通信端口号	6
VPI/VCI	1/50
宽带信令链路消息	
信令链路组内编号	0
管理该链路的SMP模块号	11
信令链路架/框/槽	1/1/6
通信端口号	6
VPI/VCI	1/42

⑧ 静态路由配置说明见表7-22。

表7-22　静态路由配置

参数	取值
静态路由号标识	1
下一跳是IP还是接口地址	IP（本虚拟后台，CN侧提供的下一跳是IP）
静态路由网络前缀	20.2.34.3
静态路由网络掩码	255.255.255.255
下一跳 IP地址	20.2.33.3

说明：此处的静态路由是针对 PS 业务的。

⑨ Iub 局向配置（快速创建）。

⑩ 配置基站、服务小区见表7-23。

表7-23　配置基站、服务小区

参数	取值
站型	S333
小区标识	10、11、12
本地小区标识	10、11、12
Node B内小区标识	0、1、2
小区参数标识	0、1、2
位置区码	1
服务区码	0
路由区码	0

⑪ 创建 Node B 见表7-24。

表7-24　创建Node B

参数	取值
Node B号	1
模块—IP地址	140.13.0.1
ATM地址	00. 00. 00. 00. 00. 00. 00. 00. 00. 00. 00. 00. 00. 00. 00. 00. 00. 01
Iub接口联机介质属性	E1同轴电缆

任务评价单见表7-25。

表7-25　任务评价单

考核项目	考核内容	所占比例	得分
任务态度	积极参加技能实训操作 按照安全操作流程进行 纪律遵守情况	30	
任务过程	RNC管理网元配置 IU口配置 Iub接口配置 服务小区配置	60	
成果验收	提交RNC配置备份数据	10	
合计		100	

7.4　工程现场一：部分站点断链

7.4.1　故障现象

①某现场总共21个站点只有6个能够建立链接，其余IPOA不通，IMA传输已经处于激活状态，Node B侧看到IP地址已经下发。

②相关告警：链接建立异常（100000）。

7.4.2　故障分析

①ATM方式下OMCB通道组网情况如图7-81所示。

②站点建链的必要条件是以下3个环节物理链路完好并且数据配置正确：

· Iub接口IPOA通道；

· RNC内部通道；

· RNC到服务器通道。

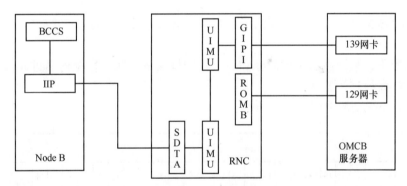

图7-81　ATM方式下OMCB通道组网

③ 对RNC关键位置静态配置数据进行检查，经过检查，以下数据均正常：

· 检查ROMB单板上RPU信息是否生效；

· 检查GIPI单板上路由信息是否生效；

· 检查SDTA单板上路由信息是否生效；

· 检查SDTA单板接口状态是否激活；

· 检查OMCB服务器上路由信息是否配置正确。

④ 对Iub接口动态统计数据进行检查，经过检查，未发现异常，基本排除Iub接口IPOA通道故障：

· 检查SDTA板上OMCB PVC是否生效；

· 检查IPOA是否生效；

· 检查OMCB AAL5 PVC上是否有数据收发；

· 检查RNC是否收到Node B回复的OMCB信元。

⑤ 利用网管诊断测试功能，判断单板内部通信是否正常，如图7-82所示。

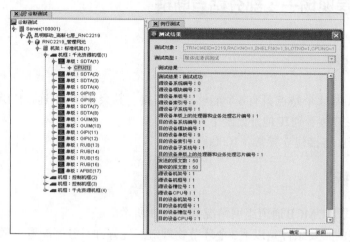

图7-82　网管诊断测试截图

7.4.3　RNC 系统配置说明

RNC的系统配置需要根据不同的用户容量需求和应用场合的需求来确定，以下以三框配置为例加以介绍。

三框配置下，系统由两个资源框和一个控制框组成，两个资源框通过光纤直接互连，此配置下支持大约15万户用户。

三框配置下机框配置如图7-83所示。

前插板																		后插板															
1	2	3	4	5	6	7	8	9	10	11	12	13	14	15	16	17		1	2	3	4	5	6	7	8	9	10	11	12	13	14	15	16	17
SDTB	SDTB	SDTB	SDTB	IMAB	APBE	APBE	IMAB	UIMU	UIMU	GIPI	APBE	RUB	RUB	RUB	RUB	RUB		RDTB	RDTB	RDTB	RDTB					RUIM1	RUIM1	RMNIC	RGIM1					
RCB		RCB		RCB		RCB		UIMC	UIMC	ROMB		CLKG	CLKG	CHUB	CHUB											RUIM2	RUIM3	RMPB		RCKG1		RCHB1		
SDTB	SDTB	SDTB	SDTB	IMAB	APBE	APBE	IMAB	UIMU	UIMU		APBE	RUB	RUB	RUB	RUB	RUB		RDTB	RDTB	RDTB	RDTB					RUIM1	RUIM1		RGIM1					

图7-83　三框配置下的机框配置

7.4.4 故障解决

① 选取四框的一块接口单板，选择媒体流测试，目标单板选择一框的一块接口单板，单击确定。

② 正常情况，两个框的单板媒体流测试应该收发50个包：即收包50，发包50，表明通信正常，如果发包为0或者收包为0，表明通信不正常，需要检查单板或者框间连接关系。

③ 检查发现，单板媒体流测试无收发包，进一步检查发现网管GUIM互连数据未配置，因此造成站点断链。

7.5 工程现场二：RNC传输故障

7.5.1 故障现象

某局多块SDTA单板多个子单元随机出现"子单元通信断子单元掉电子单元故障"的告警。

7.5.2 故障分析

① 检查SDTA单板的时隙排列方式是否正确。

检查方法：首先看和RNC的SDTA单板连接的传输采用的是谁的设备，如果是ZTE传输设备，选择第二个排列方式"Tributary排列PCM"，如图7-84所示。

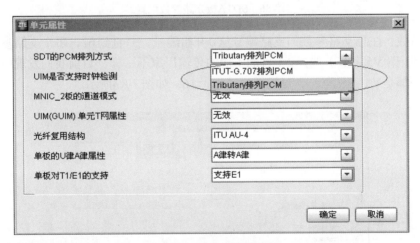

图7-84　SDTA板单元属性

② 然后看SDTA单板是否加上了光路参数和支路参数。

光路参数配置如图7-85和图7-86所示。

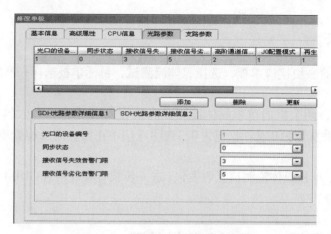

图7-85　SDTA板光路参数配置1

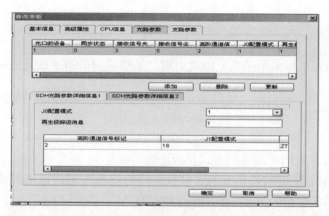

图7-86　SDTA板光路参数配置2

　　支路参数：注意支路参数的支路编号从0开始编号，一直到62，每个支路参数的低阶通道信号标记（V5字节）选择2（可能不同的传输厂家不一样，目前我们发现中兴和华为的传输设备都是V5字节为2），J2配置模式选择16，如图7-87所示。

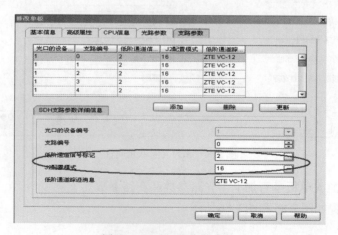

图7-87　SDTA板支路参数

③ 如果数据全部没有问题，那么需要和传输机房确定RNC的SDTA单板光口是否正确接在了调单上指明的传输设备的光口，因为可能存在RNC上配置的基站接入光口是正确的，但是施工队连接光纤接错的现象。检查方法：可以拔掉RNC上的光纤，让传输机房看是否是要用的光口在告警。

④ 检查完传输机房对接光口没有问题后，就与传输机房对时隙，此时要注意RNC上配置的E1时隙是从9开始编号，但是大部分传输设备时隙都是从1开始编号的。

⑤ 如果上述3个检查项目都没有问题，可以通过自环和断掉的方式来检查传输，可以自环的地点有传输机房和基站上的DDF，就可以判断哪段出了问题，然后找相关人员解决。

7.5.3 故障解决

① 排查后，怀疑可能是RNC的SDTA问题，换一块全新的单板后上述现象依旧，对局方传输通道进行检查，未发现异常，且更换了传输通道后上述现象依旧，问题归结于软件配置。

② 现场把排列方式从G.707改为支路排列方式后，所有子单元正常，故障消失。SDTA的63条E1在光路上有两种排列方式：G.707和Tributary。如果排列方式不一致，则会出现：G.707下的第2条E1会对应支路方式下的第22条E1，但是有些E1的编号可以对应起来，如下：1、4、7、10、13、16、19、23、26、29、32、35、38、41、45、48、51、54、57、60、63。对应起来的E1是通的，所以会出现上述故障。

7.6 项目总结

本项目是对RNC设备的认识和开通配置。这对网优工作的整体分析是有比较大的帮助的。网优里面比较重要的接入和切换类的参数都是在这个设备上面进行设置的。

项目总结如图7-88所示。

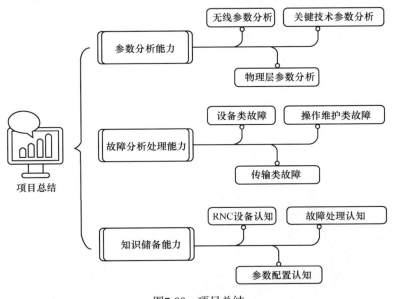

图7-88 项目总结

过关训练

1.填空题

（1）RNC上的CLKG单板可以通过_____单板从CN中提取时钟信号。

（2）一块APBE单板可提供_____个STM-1，支持_____Mbit/s交换容量。

（3）接入单元为ZXTR RNC系统提供Iu接口、Iub接口和Iur接口的_____和_____接入功能。

（4）RNC（V3.0）系统的机框分为_____、_____。

2.单选题

（1）RNSAP是（　　）地面接口的协议。

    A. Iub接口 　　　　B. Iur接口 　　　　C. Iu接口 　　　　D. Gn接口

（2）RNC和SGSN之间的Iu接口域是（　　）。

    A. 电路交换域（Iu-CS）　　　　　　B. 分组交换域（Iu-PS）

    C. 广播域（Iu-BC）　　　　　　　　D. 多媒体域（Iu-MS）

3.多选题

（1）R4版本中，MAC子层共有下面的哪些实体（　　）。

    A. MAC-b 　　　　B. MAC-c/sh 　　　　C. MAC-d 　　　　D. MAC-hs

（2）下面的协议，（　　）是在RCB单板上处理的。

    A. ALCAP 　　　　B. No.7 　　　　C. RANAP 　　　　D. BMC

4.判断题

（1）Node B中只能有一条CCP通道，可以有多条NCP通道。（　　）

（2）目前，传输层采用ATM传输技术的情况下，Node B与RNC之间一般采用的物理承载有E1（含CSTM-1）和STM-1。（　　）

（3）一个RNC通常只可以包含SRNC、DRNC和CRNC中的一种功能。（　　）

5.简答题

（1）TD-SCDMA系统无线网络控制面子包含哪些控制面协议的处理。

（2）请简述IPOA在TD-SCDMA系统中的应用；如果发现IPOA不通时，如何在RNC侧排查该故障。

项目 8 B328 开局配置

项目引入

Node B 是 TD-SCDMA 系统接入网中最基本的单元，在网络中的数量也最多。Node B（B328+R04）硬件系统结构是怎样的，Node B（B328）包括哪些组网方式，如何使用 ZXTR 实验仿真软件对 B328 管理网元进行数据配置，这是我们要掌握的重点内容。

知识图谱

图 8-1 为项目 8 的知识图谱。

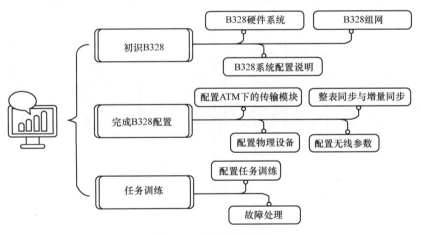

图 8-1　项目 8 知识图谱

学习目标

（1）识记：B328 硬件系统结构。

（2）领会：B328 的组网方式。

（3）应用：B328 开局数据配置。

◆▶ 8.1 知识准备

为实现B328设备的开通，我们首先需要对B328硬件系统、组网方式等知识进行详细了解。接下来，我们将从这两方面进行详细介绍。

8.1.1 B328 硬件系统

Node B 的主要功能是进行空中接口的物理层处理，包括信道编码和交织、速率匹配、扩频、联合检测、智能天线及上行同步等，也执行一些基本的无线资源管理任务，如功率控制等。

在操作维护方面，Node B 支持本地和远程操作维护功能，实现特定的操作维护功能，包括配置管理、性能管理、故障和告警管理、安全管理等功能。从数据管理角度理解，其主要实现Node B无线数据、地面数据和设备本身数据的管理、维护功能。

中兴通讯推出系列化基站，满足运营商的各种要求，将Node B 分为基带池BBU和远端射频单元RRU。BBU和RRU之间的接口为光接口，两者之间通过光纤传输IQ数据和OAM信令数据。

BBU和RRU的划分方式如图8-2所示。基带、传输和控制部分在BBU中，射频部分在RRU中。

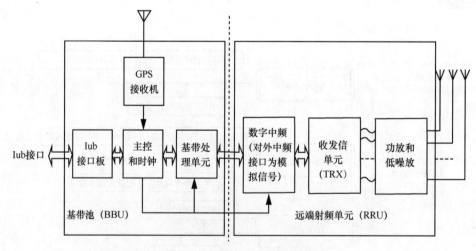

图8-2　BBU和RRU功能框图

8.1.1.1 BBU（B328）系统

下面将以中兴B328设备为例，介绍其硬件系统的结构。ZXTR B328主要完成TD-SCDMA Node B的Iub接口功能、系统的信令处理、基带处理部分功能、远程及本地的操作维护功能以及射频远端的基带射频接口功能。

1. B328 系统机架

ZXTR B328系统组成如图8-3所示。

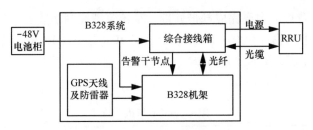

图8-3　ZXTR B328系统组成

标准全配置的机架布局如图8-4所示。

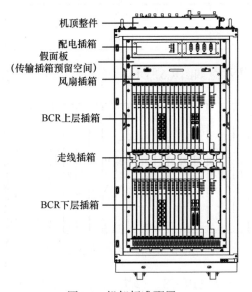

图8-4　机架标准配置

2. B328 系统机框

机框是B328的硬件系统的组成部分，作用是将插入机框的各种单板通过背板组合成一个独立的功能单元，并为各单元提供良好的运行环境。

ZXTR B328有两层机框，都称为公共层机框（BBU Common Rack，BCR）。

BCR主要由设备插箱、单板组成，如图8-5所示。

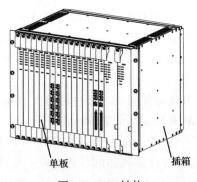

图8-5　BCR结构

BCR采用BCR背板，主要完成基带处理、系统管理控制功能。

根据其在机柜中的物理位置，BCR分为上层BCR和下层BCR。在实际使用中先配置上层BCR，然后根据需要配置下层BCR。

BCR可装配的单板见表8-1。

表8-1　BCR单板配置

	单板代号	满配置数量
控制时钟交换板	BCCS	2
基带处理板	TBPA	12
Iub接口板	IIA	2
光接口板	TORN	2

各单板在BCR的位置示意如图8-6所示。

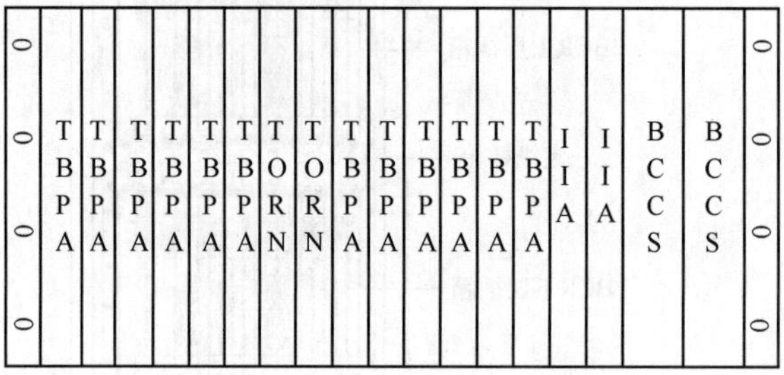

图8-6　BCR可装配的单板示意

BCR满配情况下可配置2块BCCS、12块TBPA、2块IIA和2块TORN。

BCCS是主备板，只插一块也能正常工作。每层框一般配置一块BCCS，可根据需要配置两块BCCS，完成1 + 1备份功能。TBPA、TORN、IIA可根据配置计算单板数量。

在配置容量较小时，应配备假面板和假背板，以保持风道的完整性。

3. B328 系统单板

①BCCS（Node B Control & Clock & Switch Board，控制时钟交换板）是基站的控制、时钟、以太网交换单元，完成以下功能：

a.Iub接口协议处理，执行基站系统中的小区资源管理、参数配置、测量上报；

b.对基站进行监测、维护，通过100 BaseT以太网接口和其他单板进行控制信息的交互；

c.支持近端和远端网管接口，近端网管接口为100 BaseT以太网接口；

d.管理系统内各单板程序的版本，支持近端和远端版本升级；

e.通过控制链路可以复位系统内各个单板；

f.同步外部各种参考时钟并能滤除抖动，产生并分发系统各个部分需要的时钟。

②TBP（TD-SCDMA Node B Baseband Processing Board，基带处理板）。

B328每层资源框支持12个TBP。每个TBP物理上可以根据系统需要配置为任意载频和扇区的处理，它以一种基带处理资源池的状态存在。每个TBP单板具备一个小区（1载扇）的所有功能处理。现有TBPA、TBPE和TBPH（TBPK）几种类别，这几种单板的区别如下：

　　a.TBPA最大支持3载波处理（每载波最多8天线），不支持HSDPA功能；

　　b.TBPE最大支持3载波处理（每载波最多8天线），支持HSDPA功能；

　　c.TBPH和TBPK最大支持6载波处理（每载波最多8天线），支持HSDPA功能。

　　现以TBPE为例介绍TBP的基本功能：

　　a.下行最大处理3载扇的业务，进行传输信道的编码，调制，扩频，加扰，加入同步、功率控制信息形成突发，最后输出IQ基带数字信号，进行下行波束赋形后给TX进行处理；

　　b.上行最大处理3载扇的业务，从天馈设备接收到IQ基带数据后进行DOA估计和信道估计，匹配滤波，联合检测，最后解调，解码，形成MAC层所需要的数据，送给MAC层；

　　c.帧处理；

　　d.通过100 BaseT以太网接口实现和主控的通信，并用此接口同时实现业务链路的通信；

　　e.接收来自BCCS的系统时钟并产生本板需要的时钟（61.44MHz、帧时钟、帧号）；

　　f.提供上下行IQ链路的复用和解复用处理；

　　g.实现和读取各种硬件管理标识：机架号、槽位号、单板功能类型、单板版本等。

　　③IIA（Iub Interface over ATM，Iub接口板）是B328设备与RNC设备连接的数字接口板，实现与RNC的物理连接。

　　IIA板主要完成以下功能。

　　a.提供与RNC连接的物理接口，完成Iub接口的ATM物理层处理，IIA提供了3种标准接口：STM-1、E1和T1。

　　b.处理ATM物理层的所有功能。

　　c.完成ATM的ATM层处理和适配层处理。

　　d.Iub接口信令数据与用户数据的收发。

　　e.时钟提取，从STM-1或者E1/T1上提取8 kHz送给时钟板作为时钟参考。

　　f.AAL5/AAL2适配功能。

　　g.ATM交换功能。

　　④TORN（TD-SCDMA Node B Optical Remote Network，光接口板）是BBU和RRU间的接口板，实现BBU和RRU的信息交互，及BBU和RRU之间的星状、链状、环状组网。

　　TORN主要完成以下功能：

　　a.提供6路1.25 Gbit/s光接口连接RRU，支持星状、链状、环状组网；

　　b.IQ的交换；

　　c.接收来自BCCS的系统时钟并产生本板需要的各种工作时钟；

　　d.提供上下行IQ链路的复用和解复用处理；

　　e.最多支持12块基带板的接入。

　　⑤ET（E1 Transit Board，E1转接板）将IIA前面板输出的8路E1信号双绞线方式转换为75Ω非平衡电缆接头方式，并且对线路口做过流、过压和箝位保护。

　　⑥BEMU（Node B Environmental Monitor Unit，环境监控单元）位于机顶，竖插，用于接入系统内部和外部的告警信息（包括环境监控、传输、电源、风扇等的告警信息），为BCCS提供管理通道，并为BCCS提供GPS、BITS基准时钟，对外提供测试时钟接口等功能。

⑦FCC（FAN Control Centrifugal Board，离心型风扇控制板）为机架风扇的控制板，它用于离心风扇控制和混流风扇的控制，完成风扇电源提供、转速控制、转速检测及风口温度检测等功能。

FCC的功能主要如下：

a. 通过BEMU控制和测量风扇转速；

b. 通过BEMU测量风扇风口温度。

8.1.1.2 RRU（R04）系统

RRU部分，我们将以中兴R04设备为例，介绍其系统结构，其与B328设备共同构成Node B系统。

1. R04 系统结构

R04是Node B系统中的RRU，在Node B系统中的位置如图8-7所示。

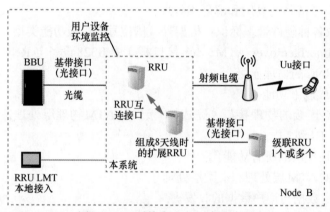

图8-7 R04系统在Node B中的位置

与R04相关的外部系统及接口说明见表8-2。

表8-2 外部系统说明

外部系统	功能说明	接口说明
BBU	基带资源池，实现GPS同步、主控、基带处理等功能	光纤接口
UE	UE设备属于用户终端设备，实现和RNS的无线接口Uu，实现话音和数据业务的传输	Uu接口
扩展RRU	R04是4天线的RRU系统，组成8天线时需要扩展RRU	控制接口和时钟接口
级联RRU	实现1个或多个RRU级联	光纤接口
外部监控等设备	用户监控设备	干节点
RRU LMT	对RRU进行操作和维护，在RRU本地接入	以太网口

2. R04 基本功能

① 支持6载波的发射与接收。

② 支持4天线的发射与接收。

③ 支持两个RRU组成一个8天线扇区。

④ 支持RRU级联功能。

⑤ 通道校准功能。

⑥ 支持上下行时隙转换点配置功能。

⑦ 支持到BBU的光纤时延测量和补偿。

⑧ 发射载波功率测量。

3. R04 结构布局

（1）整机外形

R04整机外形如图8-8所示。

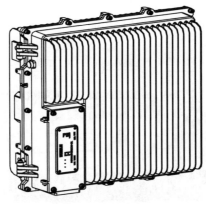

图8-8　R04外形结构

（2）机箱布局

机箱内部布局如图8-9所示，单板说明见表8-3。

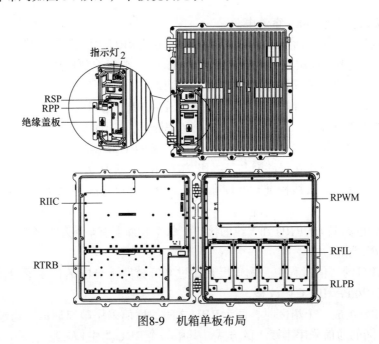

图8-9　机箱单板布局

表8-3　单板说明

单板名称	说明
RIIC	RRU接口中频控制板
RTRB	RRU收发信板
RLPB	RRU低噪放功放子系统
RFIL	RRU腔体滤波器子系统
RPWM	RRU电源子系统
RPP	RRU电源防护板
RSP	RRU信号防护板

（3）外部接口

图8-10所示为R04设备外观及外部接口说明。

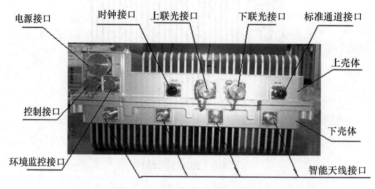

图8-10　R04设备外形及接口

各接口定义如下。

① 电源接口：外接-48V直流电源。

② 控制接口：主从通信端口，8天线配置时主从RRU之间的通信端口。RRU的控制主从由主从控制线缆硬件决定（A端为控制主RRU，B端为控制从RRU）。

③ 环境监控接口：外部设备监测输入信号端口。

④ 时钟接口：主从时钟端口，8天线配置时主从RRU之间的时钟同步信号端口。正常工作时，时钟主RRU（MCLK RRU）输出本振和采样时钟，时钟从RRU（SCLK RRU）接收。

⑤ 上联光接口：用于与B328或级联时与上一级RRU相连，介质为光纤。

⑥ 下联光接口：用于在级联时与下一级RRU相连，介质为光纤。

⑦ 校准通道接口：天线校准时的校准通道，校准时仅校准主RRU（MAC RRU）的该接口有效。

⑧ 智能天线接口：从RRU到天线的接口，每个R04上有4个天线接口。

（4）与BBU通信

RRU与BBU的通信过程中，物理层是通过光纤链路上分配的信令通道传送数据，数据链路层采用IP/PPP/HDLC协议栈。

当两个RRU组成一个扇区时，两个RRU之间的通信采用串口通信，物理层为RS-485标准，二者之间的通信采用半双工的方式，其中一个RRU为主控。

8.1.2　B328组网方式

中兴B328组网方式支持B328与RNC的Iub接口的组网，以及B328与RRU间光接口的组网，在各接口提供了多种灵活的组网方式。在实际应用时，可根据环境灵活选择。下面分别从B328与RNC、B328与RRU所支持的各种组网方式进行介绍。

8.1.2.1　B328与RNC组网

B328提供3种物理接口：STM-1光接口、E1接口和T1接口，这3种物理接口都可用于B238之间的级联。

级联数根据Iub接口的容量和B328的容量确定，即级联B328的总容量应小于Iub接口的容量。级联的B328可以同步于上一级B328发送的线路时钟。

1. 链状组网

B238与RNC的链状组网方式如图8-11所示。

图8-11　B328与RNC的链状组网方式

链状组网适用于一个站点级联多台B328的情况，例如，呈带状分布且用户密度较小的地区，这种组网方式可以节省大量的传输设备，但由于信号经过的环节较多，线路可靠性较差。

实际工程组网时，由于站点的分散性，其与基本组网方式不同之处在于RNC和B328之间常常要采用传输设备作为中间连接。常用的传输方式有微波传输、光缆传输、*x*DSL电缆传输和同轴电缆传输等。

2. 星状组网

B328与RNC的星状组网方式如图8-12所示。

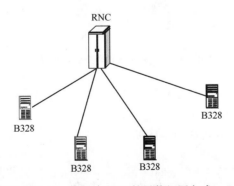

图8-12　B328与RNC的星状组网方式

星状组网时，每个RNC直接引入*n*条STM-1、E1或T1。由于其组网方式简单，维护和施工都很方便，适用在城市人口稠密的地区，而且信号经过的环节少，线路可靠性较高。

3. 混合组网

B328 与 RNC 的星状和链状的混合组网方式如图 8-13 所示。

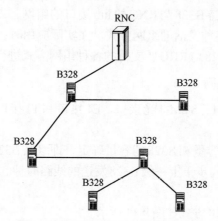

图8-13   B328与RNC的混合组网方式

8.1.2.2　B328 与 RRU 组网

ZXTR B328 和 RRU 之间支持星状组网方式、链状组网方式、环状组网方式以及混合组网方式。

1. 星状组网

B328 和 RRU 星状组网方式如图 8-14 所示。

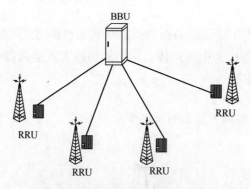

图8-14   B328和RRU的星状组网方式

星状组网时，B328 和每个 RRU 直接相连，RRU 设备都是末端设备。

2. 链状组网

B328 和 RRU 链状组网方式如图 8-15 所示。

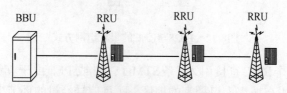

图8-15   B328和RRU的链状组网方式

链状组网方式最多可以支持5级RRU组网。

3. 环状组网

B328和RRU环状组网方式如图8-16所示。

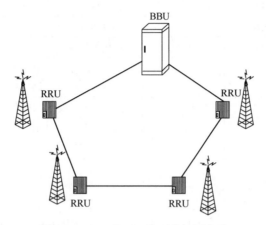

图8-16　B328和RRU的环状组网方式

环状组网比链状组网可靠性高，当环的某一部分出现断链后，系统具有自愈功能，一个环分成两条链，保证了各个RRU的正常工作。

4. 混合组网

B328和RRU混合组网方式如图8-17所示。

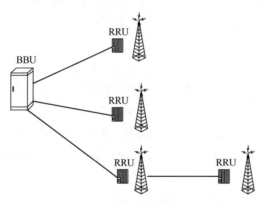

图8-17　B328和RRU的混合组网方式

8.1.3　B328系统配置说明

Node B的系统配置需要满足网络覆盖规划中的实际需求，其主要包括BBU与RRU的系统配置。

8.1.3.1　B328系统配置

1. 硬件单板配置说明

硬件单板配置见表8-4。

表8-4　硬件单板配置

序号	单元组成	数量/单元	中文名称	备注
1	ZXTR B328 BCR	2	背板	——
2	ZXTR B328 FANS	1	风扇	——
3	ZXTR B328 BEMU	1	环境监控板	——
4	ZXTR B328 BCCS	可变	系统控制板	——
5	ZXTR B328 ET	可变	E1转接板	只在Iub接口采用E1传输时才需要该单板
6	ZXTR B328 IIA	可变	基站Iub接口板	根据配置计算单板数量
7	ZXTR B328 TBPA	可变	基带处理板	根据配置计算单板数量
8	ZXTR B328 TORN	可变	光接口板	根据配置计算单板数量

2. 影响配置的因素

① ZXTR B328 所处理的载扇数目。

② Iub接口采用的接口方式：E1还是STM-1。因为每块IIA只有最多8路E1。

③ 一个TORN只有6个1.25Gbit/s光接口，每个光接口的容量为$24A \times C$（载波天线）。

④ 基带板是否备份。如果基带板需要备份，需要多配置基带板。

📖 学习小贴士

载扇是指一个基站支持的频点个数与覆盖天线方向数的乘积，例如"四载三扇"的基站共有$4 \times 3 = 12$个载扇。

3. 硬件配置原则

① 只允许先配置上层框，然后根据需要配置下层框。

② 每一层框中，在容量满足的情况下，尽量优先使用左边的TORN。

4. 典型配置

ZXTR B328有许多种不同组合的配置方式，所有配置根据用户需求及网络规划确定。因此，对不同的应用站点、系统的配置形式各不相同。对于一个站点，一般典型的配置有全向站和三扇区站型。

表8-5所示为3种典型配置情况和板位配置情况。

表8-5　单板典型配置

序号	单元（单板）名称	型号	基本数量		
			配置A	配置B	配置C
1	E1转接板	ET	1	0	0
2	Iub-ATM接口板	IIA	1	1	2
3	控制时钟交换板	BCCS	2	2	4
4	环境监控单元	BEMU	1	1	1
5	基带处理板	TPBA	3	12	24
6	光接口板	TORN	1	2	4

此典型配置支持1个站点，每个站点支持9载扇，每载扇支持8个天线，Iub接口采用E1传输，Node B无级联；机架配置见表8-6。

表8-6　板位配置

1	2	3	4	5	6	7	8	9	10	11	12	13	14	15	16	17	18	19	20
T B P A	T B P A	T B P A				T O R N								IIA		BCCS		BCCS	

8.1.3.2　R04系统配置

标准配置（单扇区频点数大于等于3的情况）如下。

① 外部设备配置的基础单元是一个扇区。

② 每个扇区需要两个RRU，一个主一个从。

③ 一个扇区配置一个防雷箱。

④ 天线阵，每个扇区一个8天线阵列。

⑤ 每个扇区配置一个室外功分器。

⑥ 每个扇区配置安装组件1套。

⑦ 每个扇区（单扇区3个频点以上）配置的外部电缆如下。

- RRU馈电电缆：2根。
- RRU主从通信电缆：1根。
- RRU N型2米标准射频跳线：9根。
- RRU N型标准跳线：3根。
- 大于50米单头2芯铠装光缆：2根。

8.2　典型任务

任务主要包括通过虚拟平台ZXTR实验仿真软件对Node B管理网元进行数据配置，实现Node B的开局，对于ZXTR Node B的开局过程需要进行物理设备配置、ATM下的传输模块配置、无线参数配置，最后通过整表同步或增量同步来实现OMC对远端基站的管理，具体配置过程请见以下4个子任务。

8.2.1　任务一：物理设备配置

8.2.1.1　任务描述

在后台网管中创建与前台Node B相对应的物理设备，包括BBU的机架、机框、单板以及RRU，从而实现后台对前台Node B设备的管理与操作。

8.2.1.2　任务分析

设备配置主要包括子网、机架、机框、单板等物理资源以及它们对应的逻辑资源的配置，是整个配置管理的基础。物理配置对象包含关系如图8-18所示。

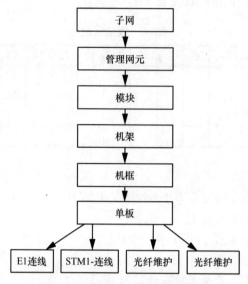

图8-18　物理配置对象包含关系

配置物理设备对象时建议采用以下配置顺序。

子网→管理网元→模块→机架→机框→单板→其他配置对象（子卡维护、光纤维护）。

8.2.1.3　任务步骤

1. 创建 Node B 管理网元

创建Node B管理网元是Node B物理设备配置的第一步，通过这一步可以实现对子网中Node B全局资源的管理和操作以及实现Node B与RNC间IP地址的对接。

① 配置资源树窗口，选择TD UTRAN子网，然后单击鼠标右键选择【子网用户标识→创建→TD B328管理网元→创建→Node B管理网元】，如图8-19所示。

② 单击【Node B管理网元】，弹出对话框如图8-20所示。

图8-19　创建Node B管理网元配置　　　　图8-20　创建Node B管理网元配置对话框

③单击【确定】按钮，创建Node B管理网元配置。

 **注意**

[模块—IP地址]必须填写正确，否则影响OMCB通道正常建立。

2. 配置模块

模块配置的目的是为了用户更好地管理Node B的具体对象，同时实现Node B与RNC间ATM地址的对接。

① 配置资源树窗口，单击鼠标右键选择【配置资源树→OMC→子网用户标识→配置集→创建→模块】，如图8-21所示。

② 单击【模块】，弹出对话框如图8-22所示。

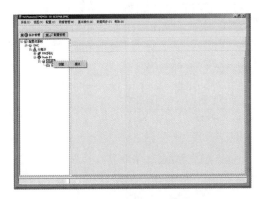

图8-21 创建Node B模块

图8-22 创建Node B模块配置对话框

 **注意**

[ATM地址]必须与RNC一致，否则影响链路的正常建立。

3. 配置机架

系统提供如下两种创建机架的方式。

（1）普通创建方式

普通创建方式创建机架后，用户需要手动添加机框和单板。

（2）快速创建方式

快速创建方式创建机架后，系统根据用户所选择的配置情况，自行创建机框和单板，用户可对配置做修改。

下面分别介绍普通创建机架和快速创建机架的方式。

（1）普通创建机架

① 配置资源树窗口，单击鼠标右键选择【配置资源树→OMC→子用户标识→配置集→设备配置→创建→机架】，如图8-23所示。

② 选择【机架】，弹出对话框如图8-24所示。

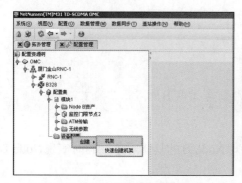 

图8-23　选择普通方式创建机架　　　　图8-24　创建机架对话框

③默认选择后，单击【确定】按钮，完成对应机架创建，如图8-25所示。

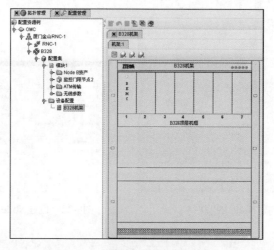

图8-25　普通方式创建机架完成

（2）快速创建机架

①配置资源树窗口，单击鼠标右键选择【配置资源树→OMC→子网用户标识→配置集→设备配置→创建→快速创建机架】，如图8-26所示。

②单击【快速创建机架】，系统自动生成配置，如图8-27所示。

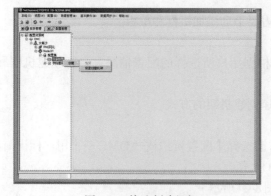 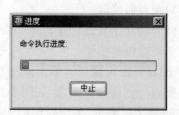

图8-26　快速创建机架　　　　　　图8-27　快速创建机架

4. 配置机框

① 在配置管理页面右侧的机架配置页面，选择机架，单击鼠标右键，在弹出的快捷菜单中选择【创建机框】，如图8-28所示。

② 系统弹出创建机框对话框，如图8-29所示。

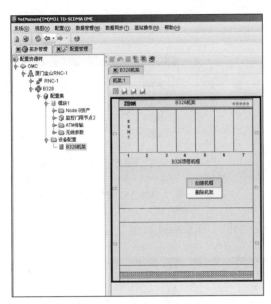

图8-28　创建机框　　　　　　　　　　　　　图8-29　创建机框对话框

③ 单击【确定】按钮，系统完成机框创建，如图8-30所示。

5. 配置单板

① 配置资源树窗口，双击鼠标左键选择【配置资源树→OMC→子网用户标识→配置集→设备配置→B328机架】，显示该配置对象的配置属性页面。

② 在配置管理页面右侧的机架配置页面，选择单板位置后，单击鼠标右键进行单板的删除操作，如图8-31所示。

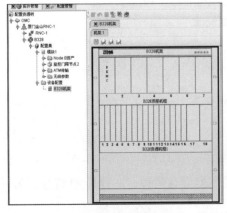

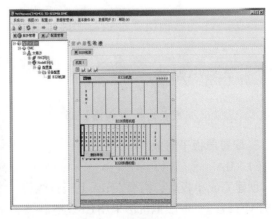

图8-30　创建机框完成　　　　　　　　　　　图8-31　删除单板

③ 在配置管理页面右侧的机架配置页面，选择单板位置后，单击鼠标右键进行单板的添加操作，如图8-32所示。

④ 系统弹出创建单板对话框，如图8-33所示。

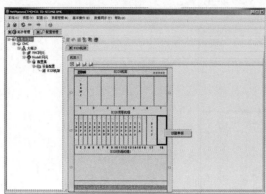

图8-32　创建单板　　　　　　　　　　图8-33　创建单板对话框

⑤ 单击【确定】按钮，系统完成单板创建，如图8-34所示。

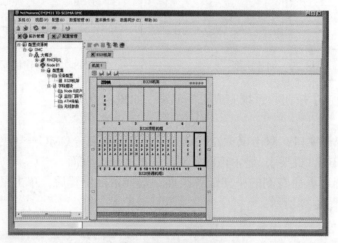

图8-34　创建单板完成

学习小贴士

本虚拟机房配置的机架如图8-35所示。

6. 配置单板子对象

（1）IIA

创建完成单板后，需要在IIA上配置线缆。线缆类型有两种，一种是E1线缆，另一种是STM-1线缆，本虚拟机房采用E1线缆链接。

① 在配置管理页面右侧的机架配置页面，选择IIA，单击鼠标右键，在弹出的快捷菜单中，选择【E1线维护】，如图8-36所示。

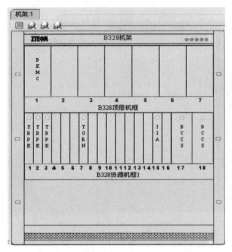

图8-35　虚拟机房配置的机架示意

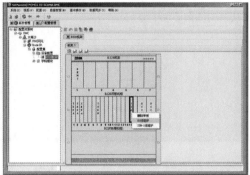

图8-36　E1线维护

② 系统弹出E1线设置对话框，如图8-37所示。

图8-37　E1线设置

学习小贴士

有几路E1就添加几个E1端口。

（2）TORN

1）光纤维护

BBU与RRU之间的线缆采用的是光纤，因此，在这一步需要进行光纤的配置。

① 在配置管理页面右侧的机架配置页面，选择TORN，单击鼠标右键，在弹出的快捷菜单中，选择【光纤维护】，如图8-38示。

② 系统弹出光纤操作页面对话框，如图8-39所示。

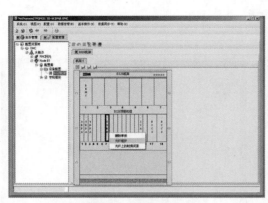

图8-38 光纤维护   图8-39 光纤操作设置

📖 **学习小贴士**

光纤操作里的机架号、机框号、槽位号就是该TORN在B328设备里的位置。上层框的机框号为2，下层框的机框号为3。

2）光纤上的射频资源

射频资源的配置是为了将BBU与RRU进行相互关联，以实现BBU与RRU的光纤拉远。

① 在配置管理页面右侧的机架配置页面，选择TORN，单击鼠标右键，在弹出的快捷菜单中，选择【光纤上的射频资源】，如图8-40所示。

② 系统弹出【光纤上的射频资源】配置对话框，如图8-41所示。

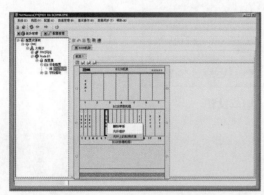

图8-40 光纤上的射频资源   图8-41 光纤上的射频资源设置

📖 **学习小贴士**

每根光纤上的射频资源中：[从首选光口上数第几个RRU]都选1，因为在本仿真软件平台不涉及RRU级联问题。

8.2.2　任务二：ATM 下的传输模块配置

8.2.2.1　任务描述

完成 Node B 与 RNC 的传输链接。

8.2.2.2　任务分析

ATM 参数配置主要包括配置承载链路、传输链路配置，其配置对象的关系如图 8-42 所示。

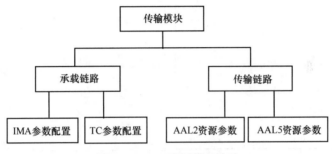

图8-42　ATM配置管理关系

配置 ATM 参数采用以下配置顺序：配置承载链路→配置传输链路。

8.2.2.3　任务步骤

1. 承载链路配置

① 配置资源树窗口，单击鼠标右键选择【配置资源树→OMC→子网用户标识→配置集→模块标识→ATM 传输→创建→承载链路】，如图 8-43 所示。

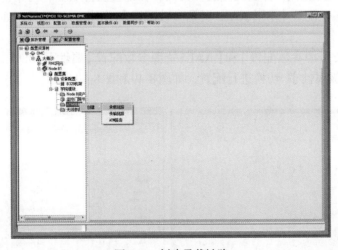

图8-43　创建承载链路

② 单击【承载链路】，弹出配置属性页面，在配置属性页面，可单击配置属性页上方的【IMA 参数配置】，如图 8-44 所示。

📖 **学习小贴士**

【IMA参数配置】是欧洲标准也是我国使用的标准，【TC参数配置】是北美标准，所以在我国只需要配置【IMA参数配置】。

单击【连接标识】右边的 ⬜ 按钮，出现图8-45所示对话框。

图8-44　IMA参数配置属性页面　　　　图8-45　IMA参数中E1设置属性页面

在【输入对话框】中将【可选项】中的E1编号添加入【已选项】中，单击添加按钮将所有E1添进IMA，最后单击【确定】按钮将所选E1进行IMA绑定。

2. 传输链路配置

① 配置资源树窗口，单击鼠标右键选择【配置资源树→OMC→子网用户标识→配置集→模块标识→ATM传输→创建→传输链路】，如图8-46所示。

② 选择【传输链路】，弹出配置属性页面，在配置属性页面，可单击配置属性页上方的【AAL2资源参数配置】和【AAL5资源参数配置】，切换进行配置，如图8-47和图8-48所示。

③ 在【AAL2资源参数配置】和【AAL5资源参数配置】属性页，可单击页面左边的【基本属性】和【高级属性】，切换进行配置，如图8-49和图8-50所示。

图8-46　创建传输链路　　　　图8-47　AAL2资源参数配置属性页面

图8-48　AAL5资源参数配置属性页面　　　图8-49　AAL2资源参数配置高级属性页面

注意

AAL2链路号：对接参数，必须与对端RNC侧一致，否则影响AAL2通道正常建立。

虚通路号：对接参数，必须与对端RNC侧一致，否则影响AAL2通道正常建立。

虚通道号：对接参数，必须与对端RNC侧一致，否则影响AAL2通道正常建立。

承载性质：按实际情况选择，如果RNC与NODEB之间采取光纤直连，则选择光纤。如果RNC与NODEB之间采取E1直连，则选择IMA。本虚拟机房采用的是E1线连接。

图8-50　AAL5资源参数配置高级属性页面

注意

虚通路号：对接参数，必须与对端RNC侧一致，否则影响链路正常建立。

虚通道号：对接参数，必须与对端RNC侧一致，否则影响链路正常建立。

承载性质：本虚拟机房RNC与Node B之间采取E1传输。承载性质为IMA。

AAL5用户类型：为了正常启用本小区，必须配置NCP、CCP、ALCAP、承载IP。

CCP链路号：定义CCP链路的时候，此为对接参数，必须与对端RNC侧一致，否则影响CCP链路正常建立。

8.2.3 任务三：无线参数配置

8.2.3.1 任务描述

Node B无线模块配置是OMCB配置的重要部分，只有配置了无线模块Node B，小区才能正常工作。

8.2.3.2 任务分析

Node B无线模块配置包括对物理站点、扇区、本地小区和载波资源的配置。Node B无线模块配置对象的关系如图8-51所示。

在创建【模块】后，系统会自动生成【无线模块】，主要创建顺序如下：创建物理站点→创建扇区→创建本地小区。

图8-51 Node B无线模块配置对象的关系

8.2.3.3 任务步骤

1. 物理站点配置

① 配置资源树窗口，单击鼠标右键选择【配置资源树→OMC→子网用户标识→配置集→模块标识→无线参数→创建→物理站点】，如图8-52所示。

② 单击【物理站点】，弹出创建物理站点页面，如图8-53所示。

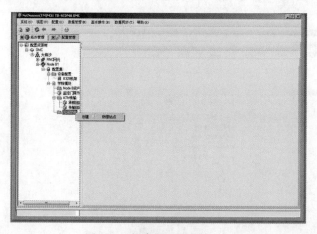

图8-52 创建物理站点

图8-53 创建物理站点属性页面

2. 扇区配置

① 配置资源树窗口，单击鼠标右键选择【配置资源树→OMC→子网用户标识→配置集→模块标识→无线参数→物理站点标识→创建→扇区】，如图8-54所示。

② 单击【扇区】，弹出创建扇区页面，如图8-55所示。

 **注意**

[本扇区支持的最小频点（MHz）]必须与RNC侧服务小区的最小载频段一致，否则影响小区正常建立。

图8-54　创建扇区

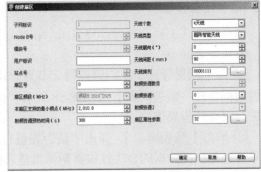

图8-55　创建扇区属性页面

3. 本地小区配置

① 配置资源树窗口，单击鼠标右键选择【配置资源树→OMC→子网用户标识→配置集→模块标识→无线参数→物理站点标识→扇区标识→创建本地小区】，如图8-56所示。

② 单击【本地小区】，弹出创建本地小区页面，如图8-57所示。

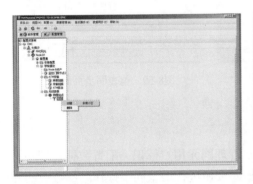

图8-56　创建本地小区

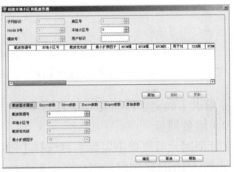

图8-57　创建本地小区属性页面

> **注意**
>
> 　　载波资源号：本虚拟后台每个小区下的载波资源个数必须与RNC侧服务小区载频个数一致，否则影响小区正常建立。
> 　　本地小区号：对接参数，必须与对端RNC保持一致，否则影响小区正常建立。

8.2.4　任务四：整表同步和增量同步

8.2.4.1　任务描述

整表同步和增量同步的目的是将配置数据同步到前台RNC和Node B，使配置数据生效。

8.2.4.2　任务分析

同步操作的前提是RNC与CN、RNC与Node B之间完全建链，否则同步操作无法成功。

8.2.4.3 任务步骤

同步的方式主要有两种：整表同步和增量同步，下面将分别进行介绍。

（1）整表同步

① 在【配置管理】视图管理网元节点单击鼠标右键选择【RNC管理网元用户标识→配置数据管理→整表同步】，如图8-58所示。也可在RNC管理网元用户属性页面单击  按钮进行整表同步操作。

② 单击【整表同步】，弹出"是否先进行全局数据的合法性检查？"的确认对话框，如果不进行全局数据的合法性检查则弹出整表同步对话框，如图8-59所示。

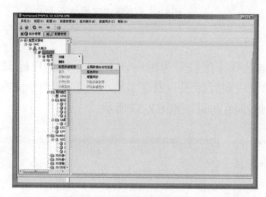

图8-58　进行整表同步操作

图8-59　整表同步页面

③ 单击【确定】按钮完成整表同步。

（2）增量同步

在管理网元节点单击鼠标右键选择【RNC管理网元用户标识→配置数据管理→增量同步】，也可在RNC管理网元用户属性页面单击 按钮进行增量同步操作。参数说明和操作步骤与整表同步相同。

> **学习小贴士**
>
> Node B的同步操作与RNC类似，在管理网元节点单击鼠标右键选择【Node B管理网元用户标识→配置数据管理→增量同步/整表同步】。

8.3 拓展训练

任务要求如下。

在TD-SCDMA RNS实验仿真软件上，通过查看虚拟机房和给定的参数配置表完成Node B设备的数据配置，主要包括快速创建B328机架、配置ATM下的传输模块、配置无线参数等。配置说明及Node B网管参数如下。

（1）快速创建B328机架

B328机架见表8-7。

表8-7　B328 机架

1	2	3	4	5	6	7
B E M C						

1	2	3	4	5	6	7	8	9	10	11	12	13	14	15	16	17	18
T B P A	T B P A	T B P A				T O R N								I I A		B C C S	B C C S

（2）配置相关传输资源

相关传输资源见表8-8。

表8-8　相关传输资源

参数	取值
IIA的E1线维护端口号	0、1、2、3、4
TORN的光纤维护光口编号	0、1、2、3、4、5
光纤编号	0、1、2、3、4、5
射频资源号	0、1、2、3、4、5

（3）配置承载链路

配置承载链路见表8-9。

表8-9　承载链路

参数	取值
单板架/框/槽	1架/2框/15槽
IMA组号	1
连接对象	RNC
连接标识	1 1 1 1 1 0 0 0

（4）配置传输链路

配置传输链路的相关信息见表8-10。

表8-10　传输链路

参数	取值
AAL2	
链路标识	1、2、3
AAL2链路标识	1、2、3
VPI/VCI	1/150、1/151、1/152
承载性质	IMA（本机房用E1）
AAL5	

（续表）

参数	取值
AAL5链路标识	64501、64502、64503
VPI/VCI	1/46、1/50、1/40
AAL5类型	控制端口NCP、通信端口CCP、承载ALCAP
CCP链路号	1

（5）配置无线模块

配置无线模块的相关信息见表8-11。

表8-11　无线模块

参数	取值	说明
配置物理站点		
站点类型	S3/3/3	
配置扇区		
扇区号	1、2、3	
天线个数	8天线	
天线类型	线阵智能天线	
天线朝向	30、150、270	
天线间距	90	
射频资源数目	2	分别选0、1　2、3　4、5
配置本地小区（每小区下有3个载波资源）		
本地小区号	10、11、12	与RNC保持一致

任务评价单见表8-12。

表8-12　任务评价单

考核项目	考核内容	所占比例	得分
任务态度	① 积极参加技能实训操作； ② 按照安全操作流程进行； ③ 纪律遵守情况	30	
任务过程	① 物理设备配置； ② ATM下的传输模块配置； ③ 无线参数配置； ④ 整表同步和增量同步	60	
成果验收	提交配置备份数据	10	
合计		100	

▶▶ 8.4　工程现场一：RRU 通信断链

8.4.1　故障现象

某大厦室内覆盖共5台R21，其中光口0上级联了3台，光口1上级联了2台，后台告警显示：光口0第三个级联R21与BBU通信链路断。

8.4.2 故障分析

① 首先向督导确认现场实际安装的RRU数目，经确认与后台配置的数目一致，没有问题。

② 由于该站点是室内覆盖站点，所以排除室内防雷盒供电原因；在室内覆盖中，R21采用交流供电，所以也排除电源接反的可能。

③ 向现场督导确认收发连接正常，光口指示灯亮，排除收发颠倒可能。

④ 使用光功率计测量光纤接收功率，测量值为-11dBm，在正常范围，说明光纤和接头是好的。

⑤ 将其他正常运行的RRU光模块与故障RRU的光模块进行对调，对调后，故障并未消除，与之更换了光模块的RRU依然运行正常，说明光模块是好的。

⑥ 电源、光纤、光模块都是正常的，RRU却无法连接，怀疑是否配置有问题。

8.4.3 故障解决

① 随后将后台配置的扇区删除，重新创建小区时将两个光口各配了3个RRU，整表同步后，查询动态数据管理，显示光口0上有2个RRU正常运行，第3个依然断链，而光口1上的3个RRU却运行正常。

② 由此可以得出结论：现场将B328光口0和光口1上的两对光纤颠倒，导致现场安装的RRU未在后台创建，而配置的RRU并未安装。现场将0、1光口的两路光纤对调，并按照设计方案配置后台，问题予以解决。

8.5 工程现场二：小区建立失败

8.5.1 故障现象

北京西单有一新建TD-SCDMA基站正在进行开局操作，基站无单板故障告警，但是小区建立一直失败。从网管中心反馈RNC侧帧同步失败，同时从本地LMT软件登录基站，显示公共信道建立失败。

8.5.2 故障分析

通常出现公共信道的问题时，小区应该已经建立，NCP、CCP、ALCAP已经配置成功，因此，检查与公共信道建立相关的配置，需要重点关注以下几个方面：

① ATM通信端口配置中，IMA所在的架/框/槽信息、IMA链路（SDTB槽位/E1号）等信息是否与实际连线一致；

② Iub接口局向基本信息中ATM地址需要和Node B侧保持一致；

③ Iub接口局向路径和路径组信息及路径带宽是否正确；

④ Iub接口局向AAL2通道信息中，AAL2 PATHID（后台显示为"AAL2通道编号"）

是否与Node B侧保持一致，对端的VPI、VCI是否正确（PVCID自动生成），该条AAL2 PATH的带宽应该与所属路径的带宽保持一致（后台显示为"AAL2流量描述参数"）。

8.5.3 故障解决

① 由RNC侧进行检查，没有发现问题，基本断定不是传输和硬件故障。

② 从本地检查基站设备，发现设备运行正常，因此排除硬件或者设备问题，所以只可能是数据配置类故障，直接进入配置页面进行数据配置检查。

③ 公共信道建立失败，而且帧同步失败，因此怀疑用户面出了问题。经过一番数据配置类检查，发现AAL2 PATH的VPI、VCI配置反了，导致小区建立失败。

④ 修改数据配置，由RNC侧进行小区激活，小区建立成功，该故障解决。

▶8.6 项目总结

项目总结如图8-60所示。

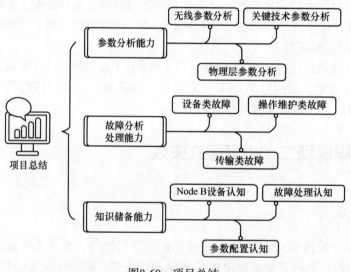

图8-60　项目总结

过关训练

1. 填空题

（1）中兴通信的B328设备采用的是_____背板。

（2）_____板是B328设备与RNC设备连接的数字接口板，实现与RNC的物理连接。_____是B328设备的控制、时钟、以太网交换单元。

2. 多选题

（1）Node B的时钟方式包括（　）。

    A. 线路8K时钟　　　B. BITS时钟　　　C. GPS　　　　D. 可不接时钟

（2）ZXTR B328主要完成TD-SCDMA Node B的（　　）功能。

A. Iub接口功能　　　　　　　　　　　　B. 系统的信令处理

C. 本地的操作维护功能　　　　　　　　　D. 射频远端的基带射频接口功能

3. 判断题

（1）BBU+RRU光纤到塔顶方案中光纤传输的信号是射频信号。（　　）

（2）Node B中只能有一条CCP通道，可以有多条NCP通道。（　　）

4. 简答题

在如下B328设备上层插箱图上填写单板名称（满配），并简述各个单板的作用。

1	2	3	4	5	6	7	8	9	10	11	12	13	14	15	16	17

项目 9　ZXSDR B8300 开局配置

项目引入

　　学习了RNC设备知识后，我对RNC配置有了初步了解，但Wendy却说："你的修炼还未完成，RNC配置好了，只是打通了无线接入网到核心网的任督二脉（CS和PS），还有一个很重要的无线设备没有进行配置，都配置好了，手机才会搜索到这个网络"。

　　毫无疑问，我的设备之旅未完，继续……

知识图谱

　　项目9的知识图谱如图9-1所示。

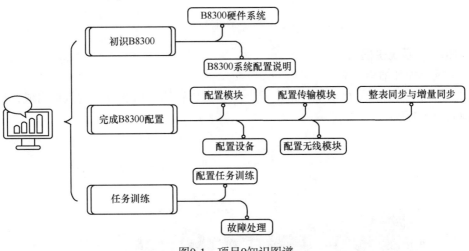

图9-1　项目9知识图谱

学习目标

　　（1）识记：B8300的硬件系统结构。

（2）领会：B8300组网方式。

（3）应用：B8300管理网元数据配置。

9.1 知识准备

9.1.1 ZXSDR B8300硬件系统

9.1.1.1 BBU（B8300）系统

ZXSDR B8300 T100产品的中文名称为：室内型多模紧凑型基带池，英文名称为：Indoor Multimode Compact Baseband Unit。ZXSDR B8300 T100属于TD-SCDMA网络中的接入层，负责将移动用户的信号接入网络中。

1. B8300系统机架

ZXSDR B8300 T100为19英寸（1英寸=2.54厘米）标准机箱，其外观如图9-2所示。

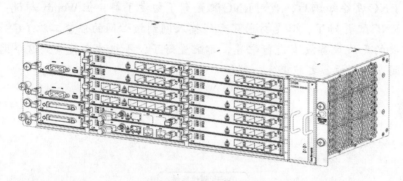

图9-2　整机外观

2. B8300系统机框

（1）机箱外观结构

ZXSDR B8300 T100机箱从外形上看，主要由机箱体、后背板、后盖板组成，机箱外部结构如图9-3所示。

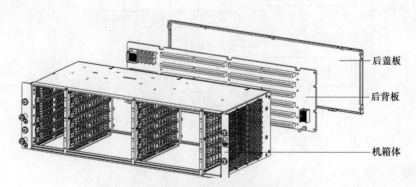

图9-3　ZXSDR B8300 T100机箱外部结构

（2）机箱内部组成

ZXSDR B8300 T100机箱内部主要由机框、电源、插件、风扇插箱、防尘网等组成，机箱内部结构如图9-4所示。

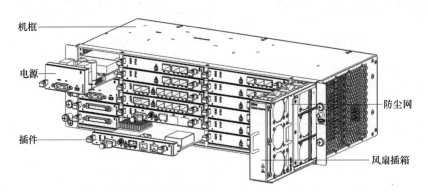

图9-4 ZXSDR B8300 T100机箱内部结构

（3）机框配置

满配置下的ZXSDR B8300机箱布局如图9-5所示。

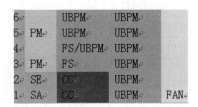

图9-5 ZXSDR B8300的满配置板位

9.1.1.2 B8300 系统单板

1. 控制与时钟（CC）模块

（1）功能

CC模块提供以下功能：

① 提供GPS系统时钟和射频基准时钟；

② Iub接口功能；

③ 以太网交换功能，提供信令流和媒体流交换平面；

④ 机框管理。

（2）面板

CC模块的面板如图9-6所示。

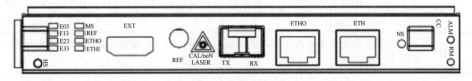

图9-6 CC模块的面板

CC模块面板上的指示灯说明见表9-1。

表9-1　CC模块面板指示灯说明

灯名	颜色	含义	说明
HS	蓝	插拔指示灯	亮：表示单板可拔出 闪：表示单板在激活或者去激活的过程中 灭：表示单板不可拔出
RUN	绿	运行指示灯	常亮：单板处于复位状态 1Hz闪烁：单板运行，状态正常 灭：表示自检失败
ALM	红	告警指示灯	亮：表示单板有告警 灭：表示单板无告警
E0S	绿	0~3路E1/T1状态指示灯	分时依次闪烁，每秒最多闪4次，5Hz闪烁频率 第1秒，闪1下表示第0路正常，不亮表示不可用 第3秒，闪2下表示第1路正常，不亮表示不可用 第5秒，闪3下表示第2路正常，不亮表示不可用 第7秒，闪4下表示第3路正常，不亮表示不可用 如此再循环显示，循环一次8s
E1S	绿	4~7路E1/T1状态指示灯	同上
E2S	绿	8~11路E1/T1状态指示灯	同上
E3S	绿	12~15路E1/T1状态指示灯	同上
MS	绿	主备状态指示灯	亮：单板处于主用状态 灭：单板处于备用状态
REF	绿	GPS天线状态或2MHz状态，对应面板SMA口不同连接情况	常亮：表示天馈正常 常灭：表示天馈和卫星正常正在初始化 慢闪：表示天馈断路，1Hz闪烁 快闪：天馈正常但收不到卫星信号，2Hz闪烁 极慢闪：天线短路，0.5Hz闪烁 极快闪：初始未收到电文，5Hz闪烁
ETH0	绿	Iub接口链路状态	亮：Iub的网口电口或光口物理链路正常 灭：Iub网口物理链路断
ETH1	绿	ETH1网口链路状态	亮：网口物理链路正常 灭：网口物理链路断

CC模块面板接口说明见表9-2。

表9-2　CC模块面板接口说明

接口名称	说明
ETH0	用于B8300与RNC之间连接的以太网电接口，该接口为10Mbit/s/100Mbit/s/1000Mbit/s自适应
ETH1	用于调试或本地维护的以太网接口，该接口为10Mbit/s/100Mbit/s/1000Mbit/s自适应电接口

（续表）

接口名称	说明
TX/RX	用于B8300与RNC之间连接的以太网光接口，该接口为 100Mbit/s/1000Mbit/s，与 ETH0互斥
EXT	外置通信口，连接外置接收机，主要是RS-485、PP1S+/2M+接口
REF	外接GPS天线，SMA（F）接口

2. 网络交换（FS）板

（1）功能

FS单板主要功能是完成IQ交换功能：

① 每个FS出4个光口用于级联，满足基带池堆叠的需要；

② 交换网支持主备。

（2）面板及指示灯

FS面板如图9-7所示。

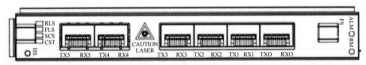

图9-7　FS面板示意

FS面板指示灯含义见表9-3。

表9-3　FS面板指示灯含义

灯名	颜色	含义	说明
HS	蓝	插拔指示灯	亮：表示单板可拔出 闪：表示单板在激活或者去激活的过程中 灭：表示单板不可拔出
RUN	绿	运行指示灯	常亮：单板处于复位状态 1Hz闪烁：单板运行，状态正常 灭：表示自检失败
ALM	红	告警指示灯	亮：表示单板有告警 灭：表示单板无告警
CST	绿	CPU与MMC之间的通信状态指示灯	亮：CPU和MMC之间的通信正常 灭：CPU和MMC之间的通信中断
SCS	—	时钟指示灯	常亮：时钟正常 快闪：10ms信息错误 常灭：时钟错误
RLS	—	级联光口状态	分时依次闪烁，每秒最多闪4次 第1秒，闪1下表示第0路正常，不亮表示不可用 第4秒，闪2下表示第1路正常，不亮表示不可用 第7秒，闪3下表示第2路正常，不亮表示不可用 第10秒，闪4下表示第3路正常，不亮表示不可用 循环一次12s 常灭：61.44MHz时钟错误

（3）接口

FS板接口说明见表9-4。

表9-4　FS板面板接口说明

接口名称	说明
TX0 RX0～TX3 RX3	4对光接口，用于BBU间IQ交换级联
TX4 RX4～TX5 RX5	空闲，保留

3. 基带处理（UBPM）板

（1）功能

UBPI单板完成如下功能：

① 12载波8天线的IQ数据的处理；

② 支持3路6Gbit/s、5Gbit/s、2.5Gbit/s、1.25Gbit/s自适应光接口；

③ 提供BBU与RRU之间的接口。

（2）面板及指示灯

UBPM面板如图9-8所示。

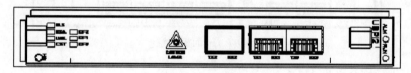

图9-8　UBPM面板

UBPM面板指示灯含义见表9-5。

表9-5　UBPM面板指示灯含义

灯名	颜色	含义	说明
HS	蓝	插拔指示灯	亮：表示单板可拔出 闪：表示单板在激活或者去激活的过程中 灭：表示单板不可拔出
RUN	绿	运行指示灯	常亮：单板处于复位状态 1Hz闪烁：单板运行，状态正常 灭：表示自检失败
ALM	红	告警指示灯	亮：表示单板有告警 灭：表示单板无告警
CST	绿	CPU与MMC之间的通信状态指示灯	亮：CPU和MMC之间的通信正常 灭：CPU和MMC之间的通信中断
BLS	绿	背板链路状态指示	第1秒，闪1下，FS0正常 第1秒，不亮，FS0不可用 第4秒，闪2下，FS1正常 第5秒，不亮，FS1不可用 循环显示，循环一次6s。每秒最多闪4次 常灭：时钟错误

（续表）

灯名	颜色	含义	说明
BSA	绿	单板告警指示灯	亮：单板正常 灭：单板告警
LNK	绿	与CC板连接的网口状态指示	亮：物理链路正常 灭：物理链路断
OF2	绿	光口2链路指示	常亮：光功率正常 常灭：光功率丢失
OF1	绿	光口1链路指示	常亮：光功率正常 常灭：光功率丢失
OF0	绿	光口0链路指示	常亮：光功率正常 常灭：光功率丢失

（3）接口

UBPM面板接口说明见表9-6所示。

表9-6　UBPM板面板接口说明

接口名称	说明
TX0 RX0～TX2 RX2	3路6Gbit/s、2.5Gbit/s、1.25Gbit/s自适应光接口，用于连接RRU

4. 现场告警（SA）板

（1）功能

SA单板完成如下功能：

① 支持9路轴流风机风扇监控（告警、调试、转速上报）；

② 通过UART与机柜内主控板CC进行通信；

③ 为外挂的监控设备提供扩展的全双工RS-232与RS-485通信通道各1路；

④ 对外输出6对开关输入量，与2对双向开关输出量；

⑤ 提供1路温度传感器接口；

⑥ 提供8路E1/T1接口和保护；

⑦ 提供IPMI的管理接口。

（2）面板及指示灯

面板采用半高卡，面板如图9-9所示。

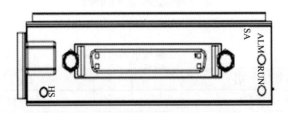

图9-9　SA面板示意

SA面板指示灯含义见表9-7。

表9-7　SA面板指示灯含义

灯名	颜色	含义	说明
HS	蓝	插拔指示灯	亮：表示单板可拔出 闪：表示单板在激活或者去激活的过程中 灭：表示单板不可拔出
RUN	绿	运行指示灯	常亮：单板处于复位状态 1Hz闪烁：单板运行，状态正常 灭：表示自检失败
ALM	红	告警指示灯	亮：表示单板有告警 灭：表示单板无告警

（3）接口

SA板接口说明见表9-8。

表9-8　SA面板接口说明

接口名称	说明
—	8路E1/T1接口、RS-485/232接口、6+2干节点接口（6路输入、2路双向）

（4）跳线

跳线器的每一位开路表示"0"，短路表示"1"。

SA板上跳线器X5、X6可以设置，X5用于设置E1/T1传输模式，X6用于设置BBU级联情况下的机柜号。X5和X6的位置如图9-10所示，X5/X6跳线右边为低位，左边为高位。通过跳线器，X5可设置ABIS/Iub接口电路传输模式，包括上行/下行链路的工作模式、匹配阻抗、E1/T1和长线/短线的组合。跳线器X5的低两位用于设置E1/T1模式以及传输阻抗，具体见表9-9。

图9-10　SA板X5、X6的位置

表9-9　X5跳线低两位的设置

X5跳线位[1, 0]	E1/T1模式
[短路，短路]	保留
[短路，开路]	T1，100 Ω
[开路，短路]	E1，120 Ω
[开路，开路]	E1，75 Ω（默认设置）

跳线器X5的高两位用于设置E1/T1的上、下行的长短线模式。

上、下行表示不同的传输方向，上行表示BBU到RNC，下行表示RNC到BBU。长短线是E1的接收模式，在E1传输线比较长（大于1km时）时，使用长线模式；在E1线比较短时，使用短线模式。X5高两位的设置见表9-10。

表9-10　X5跳线高两位的设置

X5跳线位[3, 2]	模式
[开路，开路]	上行短线，下行短线
[短路，短路]	上行长线，下行长线
[开路，短路]	上行短线，下行长线
[短路，开路]	上行长线，下行短线

通过跳线器X6可设置级联的BBU机柜号，最多8个BBU级联，其范围为"000 ～ 111"，默认为"000"。其中000，代表0号机柜，以此类推。

5. 现场告警扩展（SE）板

（1）功能

SE单板可扩展实现如下功能：

① 8路E1/T1接口和保护；

② 对外输出6对开关输入量与2对双向开关输出量。

（2）面板及指示灯

面板采用半高卡，其面板如图9-11所示。

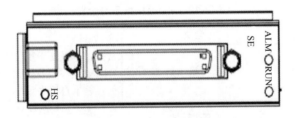

图9-11　SE板面板示意

SE面板指示灯含义见表9-11。

表9-11　SE面板指示灯含义

灯名	颜色	含义	说明
HS	蓝	插拔指示灯	亮：表示单板可拔出 闪：表示单板在激活或者去激活的过程中 灭：表示单板不可拔出
RUN	绿	运行指示灯	常亮：单板处于复位状态 1Hz闪烁：单板运行，状态正常 灭：表示自检失败
ALM	红	告警指示灯	亮：表示单板有告警 灭：表示单板无告警

（3）接口

SE面板接口说明见表9-12。

表9-12　SE面板接口说明

接口名称	说明
-	8路E1/T1扩展接口、RS485/232接口、6+2干节点接口（6路输入、2路双向）

6. 电源模块（PM）

（1）功能

系统支持两个电源模块互为备份，一个电源模块输出功率为300W。

一块CC、一块FS、5块UBPI，用一块PM就够了。再加UBPI，就要再加一块PM。

（2）面板及指示灯

PM面板如图9-12所示。

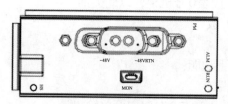

图9-12　PM面板示意

PM面板指示灯含义见表9-13。

表9-13　PM面板指示灯含义

灯名	颜色	含义	说明
RUN	绿	运行指示灯	常亮：单板处于复位状态 1Hz闪烁：单板运行，状态正常 灭：表示自检失败
ALM	红	告警指示灯	亮：表示单板有告警 灭：表示单板无告警

（3）接口

PM模块接口说明见表9-14。

表9-14　PM面板接口说明

接口名称	说明
MON	调试用接口、RS-232接口
-48V/-48VRTN	-48V输入接口

7. 风扇模块（FAN）

（1）功能

FAN提供如下功能：

① 提供风扇控制的接口和功能；

② 提供一个温度传感器，供SA检测进风口温度；

③ 提供风扇插箱LED状态显示。

（2）面板及指示灯

FAN面板如图9-13所示。

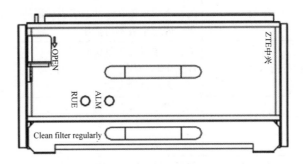

图9-13　FAN面板示意

FAN面板指示灯含义见表9-15。

表9-15　FAN面板指示灯含义

灯名	颜色	含义	说明
RUN	绿	运行指示灯	常亮：单板处于复位状态 1Hz闪烁：单板运行，状态正常 灭：表示自检失败
ALM	红	告警指示灯	亮：表示单板有告警 灭：表示单板无告警

（3）防尘网

风扇模块右侧安装有防尘网，上有把手，拉动把手可拔出防尘网。防尘网应定期清洗。

8. STM-1 网络接口（NIS0）板

（1）功能

NIS0提供如下功能：

① 提供2个信道化STM-1光接口；

② 支持ATM STM-1传输或POS（IP OVER STM_1）传输。

（2）面板及指示灯

面板采用半高卡，面板如图9-14所示。

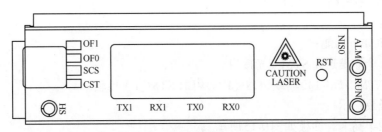

图9-14　NIS0面板示意

NIS0面板指示灯含义见表9-16。

表9-16 NIS0面板指示灯含义

灯名	颜色	含义	说明
HS	蓝	插拔指示灯	亮：表示单板可拔出 闪：表示单板在激活或者去激活的过程中 灭：表示单板不可拔出
RUN	绿	运行指示灯	常亮：单板处于复位状态 1Hz闪烁：单板运行，状态正常 灭：表示自检失败
ALM	红	告警指示灯	亮：表示单板有告警 灭：表示单板无告警
CST	绿	软件定义	软件定义
SCS	绿	电路时钟运行状态指示灯	常亮：系统77.76MHz时钟正常 常灭：系统77.76MHz时钟异常
F0S	绿	第1对光口链路运行状态指示灯	频率0.4Hz，4s一周期正常 第1秒：（亮灭灭灭）FS1正常；不亮表示该FS1不正常 第2秒：（灭灭灭灭）间隔 第3秒：（亮灭亮灭灭）FS2正常；不亮表示该FS2不正常 第4秒：（灭灭灭灭灭）间隔 常灭：2路光口都异常
F1S	绿	第2对光口链路运行状态指示灯	运行状态指示灯 频率0.4Hz，4s一周期正常 第1秒：（亮灭灭灭灭）FS1正常；不亮表示该FS1不正常 第2秒：（灭灭灭灭）间隔 第3秒：（亮灭亮灭灭）FS2正常；不亮表示该FS2不正常 第4秒：（灭灭灭灭灭）间隔 常灭：2路光口都异常

（3）接口

NIS0板接口说明见表9-17。

表9-17 NIS0面板接口说明

接口名称	说明
TX0 RX0 ~ TX1 RX1	2个STM-1接口

9. STM-1 网络接口（NIS1）板

（1）功能

NIS1提供如下功能：

① 提供2个非信道化STM-1光接口；

② 支持ATM STM-1传输或POS（IP OVER STM_1）传输。

（2）面板及指示灯

面板采用半高卡，面板如图9-15所示。

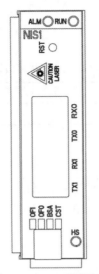

图9-15 NIS1面板示意

NIS1面板指示灯含义见表9-18。

表9-18 NIS1面板指示灯含义

灯名	颜色	含义	说明
HS	蓝	插拔指示灯	亮：表示单板可拔出 闪：表示单板在激活或者去激活的过程中 灭：表示单板不可拔出
RUN	绿	运行指示灯	常亮：单板处于复位状态 1Hz闪烁：单板运行，状态正常 灭：表示自检失败
ALM	红	告警指示灯	亮：表示单板有告警 灭：表示单板无告警
CST	绿	软件定义	软件定义
SCS	绿	电路时钟运行状态 指示灯	常亮：系统77.76MHz时钟正常 常灭：系统77.76MHz时钟异常
F0S	绿	第1对光口链路运行 状态指示灯	频率0.4Hz，4s一周期正常 第1秒：（亮灭灭灭）FS1正常；不亮表示该FS1不正常 第2秒：（灭灭灭灭）间隔 第3秒：（亮灭亮灭）FS2正常；不亮表示该FS2不正常 第4秒：（灭灭灭灭）间隔 常灭：2路光口都异常
F1S	绿	第2对光口链路运行 状态指示灯	运行状态指示灯 频率0.4Hz，4s一周期正常 第1秒：（亮灭灭灭）FS1正常；不亮表示该FS1不正常 第2秒：（灭灭灭灭）间隔 第3秒：（亮灭亮灭）FS2正常；不亮表示该FS2不正常 第4秒：（灭灭灭灭）间隔 常灭：2路光口都异常

（3）接口

NIS板接口说明见表9-19。

表9-19　NIS面板接口说明

接口名称	说明
TX0 RX0 ~ TX1 RX1	2个STM-1接口

10. 基站防雷箱模块（TLP）

（1）功能

TLP防雷插箱承担ZXSDR B8300 T100线路信号的雷击防护任务，防止异常的感应雷击或静电通过防雷插箱引入内，给其他单板接口电路造成损坏。

防雷插箱主要完成以下功能：

① 支持2路主备电源15kA保护能力；

② 支持1路GPS20kA的保护能力；

③ 支持16路E1信号6kA的保护能力；

④ 支持2路以太网信号6kA的保护能力。

（2）面板

TLP的面板如图9-16所示。

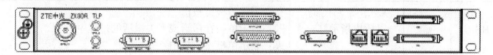

图9-16　TLP面板示意

（3）接口

TLP防雷插箱接口见表9-20。

表9-20　TLP防雷插箱接口

名称	接口描述
GPS_IN	GPS输入端口，连接GPS天馈系统
GPS_1	GPS信号输出端口，连接CC模块的GPS接口
GPS_2	GPS信号输出端口，连接CC模块的GPS接口
48V_IN	电源输入端口，连接机柜配电单元
48V_1	电源输出端口，连接PM模块电源输入端口
E1/T1_IN1	E1/T1线缆输入端口，连接传输设备
E1/T1_IN2	E1/T1线缆输入端口，连接传输设备
ETH_IN	以太网线缆输入端口
IUB_1	IUB信号输出端口，连接CC模块的ABIS端口
IUB_2	IUB信号输出端口，连接CC模块的ABIS端口
SA	干接点信号输出端口，与SA模块相连
SE	干接点信号输出端口，与SE模块相连

11. 交流配电插箱（PSU）

（1）功能

交流配电插箱内安装两套电源模块，高度1U，深度为197mm，功能如下：

① 将AC 220V/110V电源转换成DC-48V电源，供ZXSDR B8300设备使用；

② 电源输入/输出过流、过压等保护功能；

③ 电源监控告警功能。

（2）面板

交流配电插箱面板如图9-17所示。

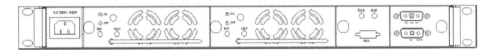

图9-17 交流配电插箱面板

（3）接口

交流配电插箱接口说明见表9-21。

表9-21 交流配电插箱接口说明

名称	接口描述	接口类型/连接器
AC 100~240V	交流电源输入插座	3芯5.08直式PCB焊接插座
蓄电池输入/输出端口	BAT+ BAT分别连接蓄电池的正负极，NULL悬空	D型3芯弯式PCB电源焊接插座
直流电源输出端口	-48VRTN、-48V分别是-48V电源工作地线和-48V电源线端口，另外一接口悬空	D型3芯弯式PCB电源焊接插座
RS232	电源监控接口	DB9插座

（4）指示灯

交流配电插箱指示灯说明见表9-22。

表9-22 交流配电插箱指示灯说明

指示灯名称	指示灯颜色	指示说明
RUN	绿色	电源工作正常
ALM	红色	电源异常（输入过压/输入欠压/输出过压/电源过温保护/输出欠压、电源失效等）

（5）插箱按键

交流配电插箱按键说明见表9-23。

表9-23 交流配电插箱按键说明

按键名称	功能
OFF	关闭模块电源
ON	打开模块电源

9.1.1.3　RRU（R31）系统

对于RRU部分，我们将以中兴R31FA设备为例，介绍其系统结构。

1. R31 系统结构

ZXTR R31FA整机外观如图9-18所示。

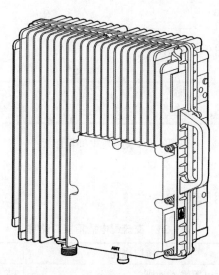

图9-18　ZXTR R31FA整机外观

与本系统相关的外部系统说明见表9-24。

表9-24　外部系统说明

外部系统	功能描述	接口说明
BBU	基带资源池，实现GPS同步、设备主控制、基带处理等功能	标准化IR接口，物理连接媒质为光纤
UE	UE设备属于用户终端设备，实现和RNS系统的无线接口Uu接口，对话音和数据业务进行传输	Uu接口
LMT 远程接入	对RRU进行操作维护，在BBU远程接入	与BBU的接口是以太网接口，与RRU的接口是通过RRU与BBU之间的光纤接口
LMT 本地接入	对RRU进行操作维护，在BBU本地接入	以太网接口

2. R31 主要功能

ZXTR R31FA是一种单天线双通道RRU，主要功能如下：

① 下行将基带信号变换成射频信号，通过天线发射；

② 上行将天线接收到的射频信号变换成基带信号，发送到BBU。

3. R31 结构布局

（1）系统结构

ZXTR R31FA系统结构如图9-19所示。

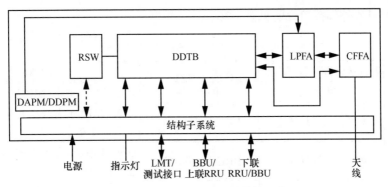

图9-19　ZXTR R31FA系统结构示意

（2）子系统组成

ZXTR R31FA子系统组成及说明见表9-25。

表9-25　ZXTR R31FA子系统组成说明

子系统标识	名称	类型	功能说明
RSW	控制软件子系统	软件子系统	操作维护功能：配置管理、版本管理、性能统计、测试管理、安全管理、诊断测试、基本功能、系统控制、通信处理
DDTB	数字收发信板（F频段、A频段）	硬件子系统	光口、控制、时钟、数字中频
LPFA	低噪放功放（F频段、A频段）	硬件子系统	低噪放和功放
CFFA	腔体滤波器	硬件子系统	通道射频滤波
DAPM	交流电源模块	硬件子系统	将输入的交流电源转化为系统内部所需的电源，给系统内部所有硬件子系统或者模块供电
DDPM	直流电源模块	硬件子系统	将输入的交流电源转化为系统内部所需的电源，给系统内部所有硬件子系统或者模块供电
结构子系统	结构子系统	结构子系统	提供整机防护、散热、安装以及模块的结构、散热、安装功能

（3）对外接口

ZXTR R31FA的外部接口集中在机箱底部，如图9-20所示。

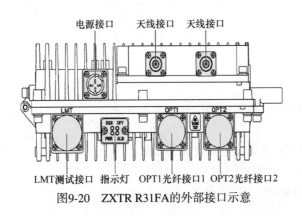

图9-20　ZXTR R31FA的外部接口示意

ZXTR R31FA外部接口说明见表9-26。

表9-26　ZXTR R31FA外部接口说明

接口标识	接口名称/型号	连接外部系统	功能概述
PWR	航空密封插座	电源设备	通过该接口实现对RRU的供电
OPT1	对纤密封光纤插座	BBU或级联RRU	实现与BBU或者级联 RRU之间的数据和信令的交互
OPT2	对纤密封光纤插座	BBU或级联RRU	实现与BBU或者级联 RRU之间的数据和信令的交互
LMT	以太网接口	LMT	实现本地操作维护与 RRU的信息交互和连接
ANT	N型阴头密封插座	天线	天馈连接接口，用于与天馈连接实现与UE的空中接口的传输

9.1.2　ZXSDR B8300 系统配置说明

Node B的系统配置需要满足网络覆盖规划中的实际需求，主要包括BBU与RRU的系统配置。

9.1.2.1　B8300 系统配置

1. 硬件单板配置说明

系统的主要单板/模块的功能以及物理上可插的位置说明见表9-27。

表9-27　系统的主要单板/模块

序号	单板/模块	功能	位置
1	BB	公共框背板	机框背部
2	FAN	风扇控制	机框右侧插板
3	PM	电源模块	机框左侧插板
4	CC	主控、时钟、以太网交换功能	机框中部3U单板区
5	FS	IQ交换功能	机框中部3U单板区
6	UBPM	基带处理以及Ir光接口功能	机框中部3U单板区
7	SA	环境告警以及E1接口	机框左侧插板
8	SE	环境告警以及E1扩展接口	机框左侧插板
9	NIS0/NIS1	STM-1、网络接口单板	机框左侧插板

2. 机箱配置

ZXSDR B8300 T100机箱单板槽位如图9-21所示。

3. 外部设备

ZXSDR B8300 T100外部设备主要包括如下：

① RNC，接口为Iub接口；

② RRU，接口为Ir接口；

PM	UBPM	UBPM	
	UBPM	UBPM	
PM	FS/UBPM	UBPM	FA
	FS/UBPM	UBPM	
FS/NIS0/ NIS1	CC	UBPM	
SA	CC	UBPM	

图9-21 机箱单板槽位图

③ 环境监控设备，提供干节点接口以及RS485/232接口；

④ GPS天线，GPS天线通过SMA插座接入系统；

⑤ 电源设备。

4. 主要单板／模块配置原则

系统的主要单板/模块配置原则见表9-28。

表9-28 系统的主要单板/模块配置原则

序号	单元组成	数量/单元	中文名称	备注
1	BB	1	背板	必配
2	FAN	1	风扇模块	必配
3	PM	2	电源模块	必配
4	CC	2	控制与时钟板	考虑主备时，需配置2个
5	UBPM	8	基带处理板	根据配置计算单板数量，最多为9个
6	FS	2	网络交换板	根据配置确定，最多为2个
7	SA	1	现场告警板	根据配置确定，最多1个
8	SE	1	告警扩展板	根据配置确定，最多1个
9	NIS0/NIS1	1	网络接口板	根据配置，在需要STM-1接口下配置，槽位为AMC11

配置超过8路E1配置的情况下，左侧AMC11槽位需要配置SE单板。

信道化STM-1接口配置需要从AMC11槽位配置NIS单板。

FS提供主备时，最多可配置8块基带板；FS不提供主备时，最多可配置9块基带板。

单块UBPM可处理9载扇，ZXSDR B8300 T100可根据站型容量选择不同的单板配置，见表9-29。

表9-29 不同容量站型的典型配置

站型	FS数量	UBPM数量
S3/3/3	0	1
S666	0	2
S9/9/9	1	3
S12/12/12	1	3

5. 典型配置举例

（1）S444配置说明

1）配置说明

S444配置共支持12载扇，配置1块基带板。

📖 **学习小贴士**

TD-SCDMA宽频双极化智能天线可支持3种频段：F频段（1880～1920MHz）、A频段（2010～2025MHz）和E频段（2320～2370MHz）。

2）单板配置

S444单板配置见表9-30。

表9-30　S444的典型配置

单元（单板）名称	型号	数量	单位	备注
基带单元背板	BB	1	块	—
风扇模块	FAN	1	块	包括风扇
电源模块	PM	1	块	—
控制与时钟模块	CC	1	块	如需要备份，则配2块
基带处理板	UBPM	1	块	如果采用$N+1$备份，需要再增加1块UBPM单板
网络交换模块	FS	0	块	如果采用备份，需要再增加1块FS单板
现场告警模块	SA	1	块	—
环境监控扩展模块	SE	0	块	如果大于8路E1，需要配置
STM-1网络接口模块	NIS0/NIS1	0	块	如果需要提供STM-1接口，需要配置

3）机架配置图

S444的机架配置如图9-22所示。

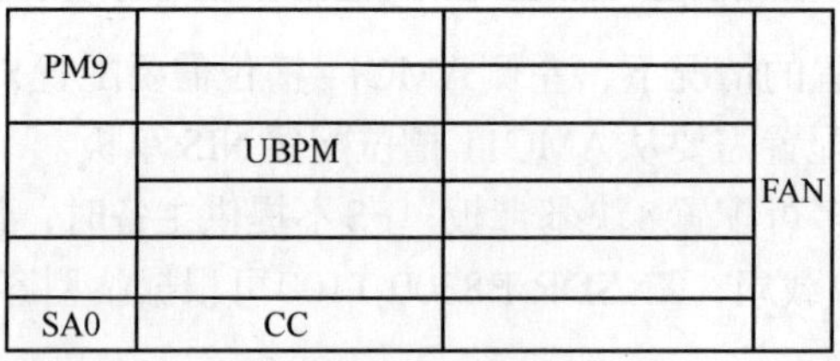

图9-22　S444的机架配置

（2）S222F+444A配置

1）配置说明

S222F+444A配置共支持18载波，配置2块基带板。

2）单板配置

S222F+444A单板配置见表9-31。

表9-31 S222F+444A单板配置

单元（单板）名称	型号	数量	单位	备注
基带单元背板	BB	1	块	—
风扇模块	FAN	1	块	包括风扇
电源模块	PM	1	块	—
控制与时钟模块	CC	1	块	如需要备份，则配2块
基带处理板	UBPM	2	块	如果采用N+1备份，需要再增加1块UBPM单板
网络交换模块	FS	0	块	如果采用备份，需要再增加1块FS单板
现场告警模块	SA	1	块	—
环境监控扩展模块	SE	1	块	如果大于8路E1，需要配置
STM-1网络接口模块	NIS0/NIS1	0	块	如果需要提供STM-1接口，需要配置

3）机架配置图

S222F+444A机架配置如图9-23所示。

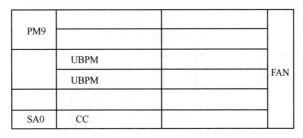

图9-23 S222F+444A机架配置

9.1.2.2 R31系统配置

标准配置（单扇区频点数大于等于3的情况）如下。

① 外部设备配置的基础单元是一个扇区。

② 每个扇区需要两个RRU，一个主一个从。

③ 电源防雷箱：一个扇区配置一个防雷箱。

④ 天线阵：每个扇区一个8天线阵列。

⑤ 每个扇区配置一个室外功分器。

⑥ 每个扇区配置安装组件1套。

⑦ 每个扇区（单扇区3个频点以上）配置的外部电缆如下。

• RRU馈电电缆：2根。

• RRU主从通信电缆：1根。

• RRU N型2Mbit/s标准射频跳线：9根。

• RRU N型标准跳线：3根。

• 大于50Mbit/s单头2芯铠装光缆：2根。

9.2 典型任务

通过虚拟平台 ZXTR 实验仿真软件对 Node B 管理网元进行数据配置，实现 Node B 的开局，对于 ZXTR Node B 的开局过程需要进行模块配置、设备配置、传输模块配置、无线模块配置，最后通过整表同步或增量同步来实现 OMC 对远端基站的管理，具体配置过程请见以下 5 个子任务。

（1）数据配置流程

数据配置有先后顺序，如图 9-24 所示。

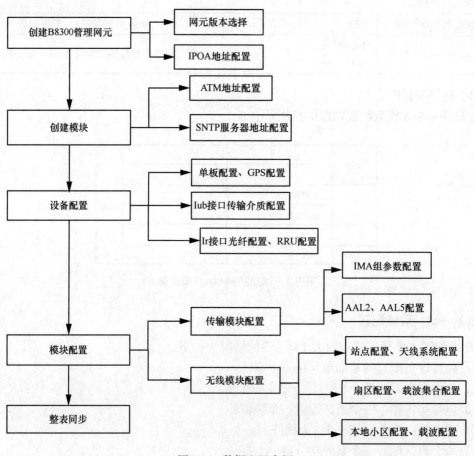

图9-24　数据配置介绍

设备配置主要包括子网、机架、机框、单板等物理资源以及它们对应的逻辑资源的配置，是整个配置管理的基础。

完成设备配置之后，才能进行传输模块和无线模块配置。传输模块的配置包括承载链路、传输链路以及 ATM 路由的相关参数配置；无线模块配置主要包括物理站点、扇区、本地小区和载波资源配置。

配置完成后整表同步操作，将配置数据同步到前台。

（2）注意事项

数据配置是Node B系统的核心部分，在整个系统中起着非常重要的作用。数据配置的任何错误，都会严重影响系统的运行。因此，要求数据操作人员在配置和修改数据时要注意以下几点。

① 在数据配置之前，应准备好与配置相关的数据，数据必须是准确可靠的；同时制定完整的数据配置方案。

② 在做任何数据修改之前，都应先备份现有的数据；在修改完毕后，把数据同步到前台并确认正确无误后，及时备份。

③ 从维护终端中配置和修改的数据，要经过数据同步过程传送到前台才能起作用。修改投入运行的设备数据，务必要对其仔细检查，以防止错误数据破坏系统的正常运行。

9.2.1　任务一：模块配置

9.2.1.1　任务描述

在后台网管中创建与Node B的管理网元、OMCB服务器地址等，从而实现后台对前台Node B设备的管理与操作。

9.2.1.2　任务分析

模块配置过程主要包括模块配置、SNTP配置、天线校正配置和其他配置。

9.2.1.3　任务步骤

1. 创建管理网元

在TD UTRAN子网节点创建B8300管理网元，如图9-25所示。

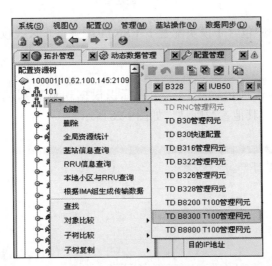

图9-25　创建B8300管理网元

在弹出的网元创建页面中，选择与前台单板运行版本配套的软件版本，IP地址配置与OMCR配置的IPOA地址一致，其他参数根据现场情况填写，如图9-26所示。

图9-26　B8300管理配置

在创建的B8300管理网元下的【主用配置集】上创建模块，如图9-27所示。

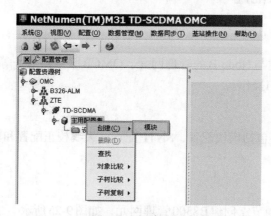

图9-27　创建模块

在弹出的创建页面中包含【模块配置】、【SNTP配置】、【天线校正配置】和【其他】4个选项。

2. 模块配置

【模块配置】页面选择传输类型，用户标识根据现场规划填写，传输类型配置为ATM，修改ATM地址，其他参数默认，如图9-28所示。

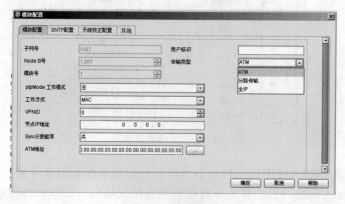

图9-28　模块配置

ATM地址属于对接参数，与RNC配置的ATM保持一致，如图9-29所示。

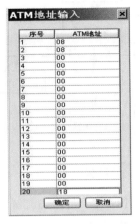

图9-29 ATM地址修改

3. SNTP 配置

在【SNTP配置】中配置SNTP服务器IP地址，即OMCB服务器地址（需要在OMCR全局资源中配置），其他参数默认，如图9-30所示。

图9-30 SNTP配置

4. 天线校正配置

参数默认。

5. 其他配置

参数默认。

9.2.2 任务二：设备配置

9.2.2.1 任务描述

在后台网管中创建与前台Node B相对应的物理设备，包括机架、机框、单板以及RRU，从而实现后台对前台Node B设备的管理与操作。

9.2.2.2 任务分析

设备配置是传输模块配置和无线模块配置的前提，设备配置流程如图9-31所示。

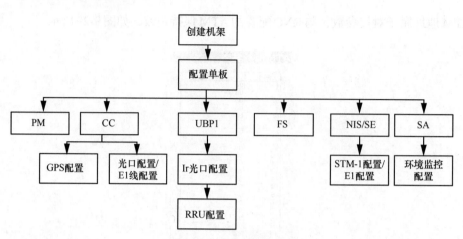

图9-31 设备配置流程

9.2.2.3 任务步骤

（1）创建机架

在B8300管理网元的【主用配置集】下的【设备配置】上创建机架，参数默认，如图9-32 所示。

图9-32 创建机架

新创建的机架默认配置两块CC单板和一块SA单板，如图9-33所示。

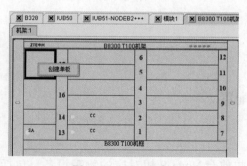

图9-33 B8300机架

（2）配置单板

1）PM配置

后台根据现场电源模块所在的槽位配置PM单板，PM只能配置在15、16槽位。

注：在PM单板配置前，UBPI和FS单板不会上电。

2）CC单板配置

CC单板包含【E1线配置】（机架创建后默认增加8条E1线）、【GPS配置】、【传输光口配置】（Iub承载IP-FX时使用），如图9-34所示。

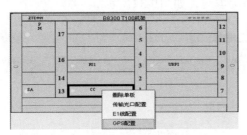

图9-34　CC单板配置

在弹出页面中添加GPS配置，GPS电缆长度根据实际情况填写，其他参数默认，如图9-35所示。

图9-35　GPS配置

【传输光口配置】：当使用CC板的光口承载IP与RNC连接时配置，如图9-36所示。

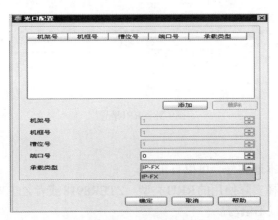

图9-36　光口配置

3）UBPI单板配置

UBPI配置在4~12槽位，UBPI同时提供3个2.5Gbit/s光口与RRU连接，实现Ir接口光纤配置和RRU配置。

选择【RRU光口配置】，在弹出的页面中选择与RRU连接的光纤，光口编号、光纤编号、光口类型根据实际情况填写，如图9-37所示。

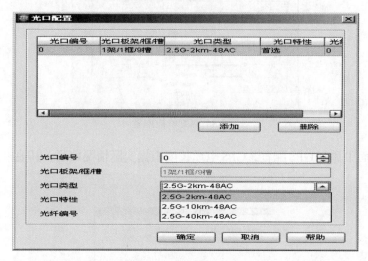

图9-37　UBPI光口配置

选择【RRU配置】，在弹出的页面中配置RRU，如图9-38所示。

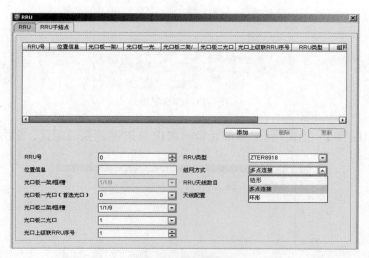

图9-38　RRU配置

各参数说明如下。

① RRU号：属于本地编号，可以自定义。

② RRU类型：选择实际使用的RRU类型：ZTER8918或者ZTER21。

③ 位置信息：可以不填写。

④ 组网方式：对于单通道的R21只支持[链型]组网，而R8918支持【链形】、【多

点连接】和[环形]组网，目前[环形]配置无法实现，[链型]配置只适用R8918的1个光口与BBU连接，支持6载波×8通道；多点连接使用R8918的两个光口与BBU连接，支持9载波×8通道。

⑤RRU天线数目：根据选择的RRU类型自动生成。

⑥光口板一光口：填写与R8918的OPT_B连接的UBPI光口编号。

⑦光口板二架/框/槽：多点连接时需配置此板卡，与R8918的OPT_R连接的UBPI所在槽位，可以与光口板一相同，也可以不同；R8918支持跨单板、跨光口配置。

⑧光口板二光口：填写与R8918的OPT_R连接的UBPI的光口号。

⑨光口上级联RRU序号：与BBU连接时序号为1，与1级RRU相连的RRU序号为2，以此类推，最多支持6级级联。

⑩天线配置：用于配置智能天线数目，适用于多通道的RRU，对于R8918支持4+1+1+1+1、6+1+1、8通道3种配置，其中4、6、8代表智能天线的数目，如图9-39所示。

图9-39　智能天线配置

4）NIS单板配置

NIS单板配置在14槽位，Iub接口使用STM-1连接时配置，支持两个信道化STM-1，实现ATM-stm1和Chn-stm1配置，如图9-40所示。

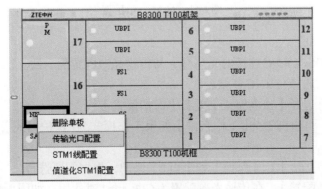

图9-40　NIS配置功能

【传输光口配置】：配置与RNC连接的STM-1，其中端口号是与RNC连接的NIS光口号，承载类型根据规划选择ATM-stm1或者信道化的Chn-stm1，如图9-41所示。

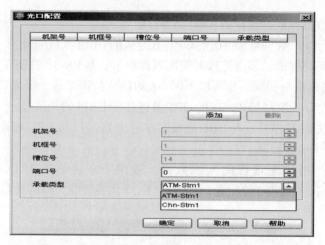

图9-41　NIS光口配置

【STM1线配置】：在传输光口配置为ATM-stm1时使用，如图9-42所示。

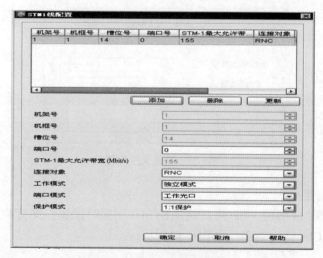

图9-42　ATM-stm1配置

主要参数说明如下。

① 端口号：NIS与RNC连接的光口号，与传输光口配置的一致。

② 连接对象：选择与RNC连接。

③ 工作模式：选择【独立模式】或者【保护模式】。

④ 端口模式：可以配置为【工作光口】，如果工作模式为【保护模式】，则可以配置为【保护光口】。

⑤ 保护模式：支持【1:1保护】和【1+1】保护，根据需要选择。

【信道化STM1配置】：在传输光口配置为Chn-stm1时使用，如图9-43所示。

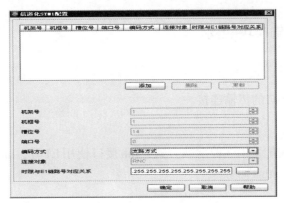

图9-43 信道化STM1配置

主要参数说明如下。

① 编码方式：选择【支路方式】或【时隙方式】，信道化STM-1的63个时隙分为3组，支路方式时分为（1～21）、（22～42）、（43～63），时隙方式时分为（1、4、7、10……55、58、61）、（2、5、8、11……56、59、62）、（3、6、9、12……57、60、63）。

② 时隙与E1链路号对应关系：根据编码方式选择使用E1时隙，如图9-44所示。

图9-44 时隙与E1链路号配置

注意

以上的16条E1必须属于3个时隙分组中的某一组。例如，配置为支路方式，则这16条E1可以配置（1～21）这一组中的任意16条。

5）FS单板配置

FS单板配置在3、4槽位上，实现IQ数据三级交换和BBU级联，UBPI数量超过2块时需要配置FS单板。

6）SE单板配置

SE单板配置在14槽位上，提供8路E1，当Iub接口使用的传输E1超过8条时增加SE单板。

9.2.3 任务三：传输模块配置

9.2.3.1 任务描述

完成 Node B 与 RNC 的传输连接。

9.2.3.2 任务分析

Iub 接口传输模块配置有 3 种承载方式：Iub 接口使用 E1 时、Iub 接口使用 ATM-stm1 时和 Iub 接口使用 Chn-stm1 时。

9.2.3.3 任务步骤

1. Iub 接口使用 E1 时（含双 IMA）

（1）承载链路配置

在创建的模块下展开【传输配置】子树，进入承载链路配置界面添加 IMA 配置，如图 9-45 所示。

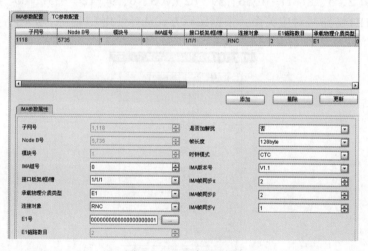

图9-45　IMA参数配置

主要参数说明如下。

① IMA 组号：默认为 0 即可。

② 接口板架/框/槽：选择 CC 单板的槽位号。

③ 承载物理介质类型：选择 E1。

④ 连接对象：选择 RNC。

⑤ E1 号：选择实际使用的 E1 编号，如图 9-46 所示。

其他参数默认。

当传输类型为双 IMA 组方式时，需要再增加一个 IMA 组。新增 IMA 组号为 1，其他参数与单 IMA 组方式相同。在双 IMA 组方式下，IMA0 所含 E1 需要与 OMCR 侧第一个 IMA 组内 E1 一一对应；IMA1 所含 E1 需要与 OMCR 侧第二个 IMA 组内 E1 一一对应，如图 9-47 所示。

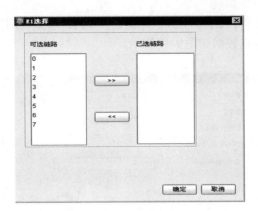

图9-46　E1配置

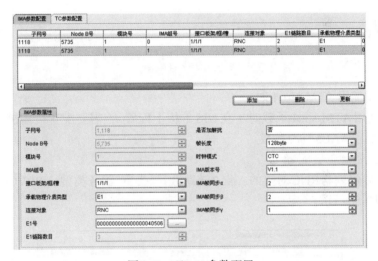

图9-47　双IMA参数配置

（2）传输链路配置

在【传输配置】上右击选择【根据IMA组生成传输数据】，弹出配置方案选择，自动生成AAL2、AAL5数据。

单IMA组方式：选择【配置方案1】、【普通方式】、带宽利用门限（%）【95】、包含信令的IMA组【1/1/1/0】，生成数据如图9-48所示。

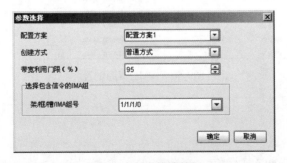

图9-48　生成传输数据

双IMA组方式：选择【配置方案1】、【备份方式】、带宽利用门限%【95】、包含信令的IMA组【1/1/1/0】，生成数据如图9-49所示。

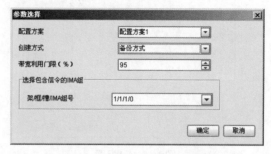

图9-49　生成双IMA组传输数据

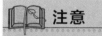
注意

需要保证使用的E1数目与RNC配置的数目一致。

2. Iub 接口使用 ATM-stm1 时

Iub接口使用ATM-stm1承载时（在NIS单板上配置），需要配置传输链路，分别配置AAL2资源参数和AAL5资源参数。

（1）AAL2资源参数配置

配置前需要规划与RNC对接的AAL2链路数目、带宽、服务类型、VPI/VCI、PathID参数，配置界面如图9-50所示。

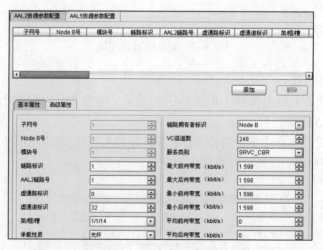

图9-50　AAL2资源配置

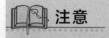
注意

[架/框/槽]选择NIS单板槽位，[承载性质]选择光纤，其他参数根据规划填写。

（2）AAL5资源参数配置

分别配置NCP、CCP、ALCAP、IPOA，需要规划带宽、服务类型、VPI/VCI、PathID对接参数，配置界面如图9-51所示。

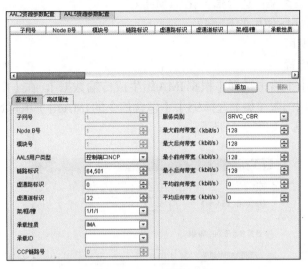

图9-51　AAL5资源配置

 注意

[架/框/槽]选择NIS单板槽位，[承载性质]选择IMA，其他参数根据规划填写。

3. Iub 接口使用 Chn-stm1 时

Iub接口使用Chn-stm1承载时（NIS单板上配置），需要配置承载链路和传输链路。

（1）承载链路配置

进入传输配置的【承载链路】配置界面，如图9-52所示。

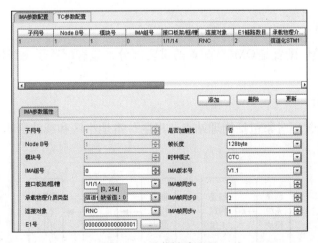

图9-52　承载链路配置

参数说明如下：

① IMA 组号：默认为 0 即可；

② 接口板架 / 框 / 槽：选择 NIS 单板的槽位号；

③ 承载物理介质类型：选择信道化 STM-1；

④ E1 号：选择实际使用的 E1 编号。

其他参数默认即可。

（2）传输链路配置

在【传输配置】上右击选择【根据 IMA 组生成传输数据】，在【配置方案】中选择配置方案 1，【带宽利用门限（%）选择 95】，【包含信令的 IMA 组】填写 NIS 的槽位，自动生成 AAL2、AAL5 数据，如图 9-53 所示。

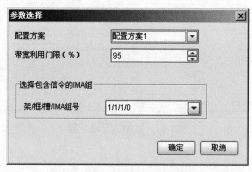

图9-53　生成传输数据

注意

需要保证使用的 E1 数目与 RNC 配置的数目一致。

9.2.4　任务四：无线模块配置

9.2.4.1　任务描述

Node B 无线模块配置是 OMCB 配置的重要部分，只有配置了无线模块 Node B，小区才能正常工作。

9.2.4.2　任务分析

无线模块配置管理对象包括物理站点、扇区、本地小区和载波资源，后台配置的具体流程如图 9-54 所示。

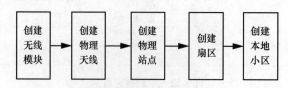

图9-54　无线模块配置流程

9.2.4.3　任务步骤

1. 创建物理天线

在【无线参数】模块下选择【物理天线配置】,创建物理天线及其子天线,如图9-55所示。

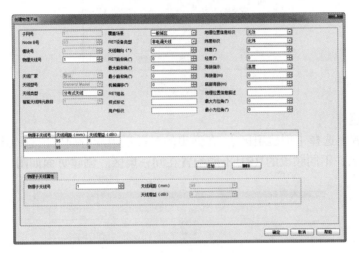

图9-55　创建物理天线

2. 添加天线系统集合

在【无线参数】模块下选择【天线系统集合】,将已配置的RRU添加到各自的天线系统中。天线系统配置属性如图9-56所示。

图9-56　天线系统配置（基本属性）

3. 创建站点

右击【无线参数】,选择【创建→物理站点】,在弹出的【创建站点】对话框配置站点信息,如图9-57所示。

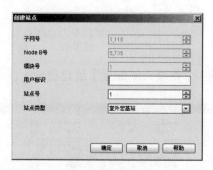

图9-57 创建站点

4. 创建扇区

在扇区资源上选择【创建扇区】，在弹出的对话框中配置扇区信息，扇区频段要与所选RRU类型一致，不同频段的RRU不能配置在同一扇区。创建页面如图9-58所示。

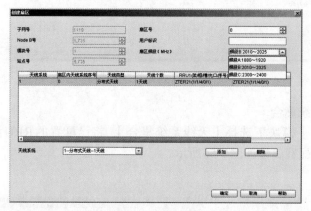

图9-58 创建扇区

5. 载波集合配置

已创建扇区下选择【扇区载波集合】，添加本地小区需要使用的载波，最多配置9个载波，如图9-59所示。

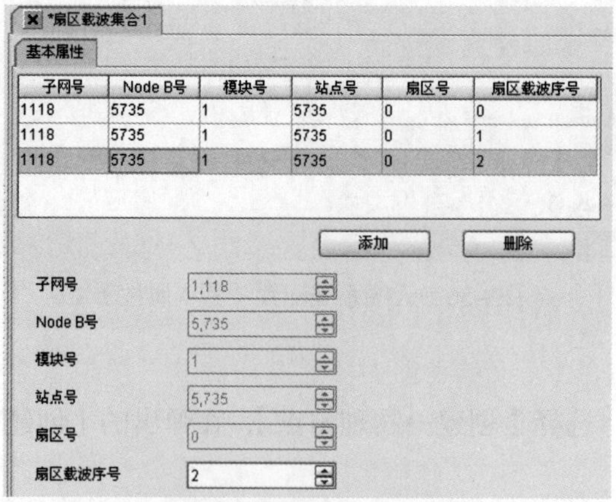

子网号	Node B号	模块号	站点号	扇区号	扇区载波序号
1118	5735	1	5735	0	0
1118	5735	1	5735	0	1
1118	5735	1	5735	0	2

图9-59 扇区载波配置

6. 创建本地小区

① 在【本地小区资源】上右击选择【创建→本地小区】，具体配置如图9-60所示。

图9-60 本地小区配置

主要参数说明如下。

a. 本地小区标识：属于对接参数，与RNC配置保持一致。

b. 用户标识：根据现场命名规则填写。

c. 扇区号：归属本地小区的扇区号，Node B300版本及后续版本，一个本地小区可以包含多个扇区。

d. 载波组id：扇区载波组id，默认从0开始。

② 修改逻辑载波集合1，增加本地小区的逻辑载波。逻辑载波与OMCR侧配置的载波数量一致，如图9-61所示。

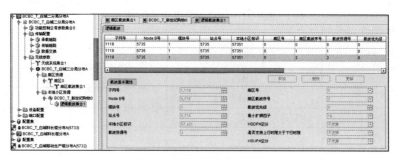

图9-61 逻辑载波集合配置

9.2.5 任务五：整表同步和增量同步

9.2.5.1 任务描述

同步操作的目的是将配置数据同步到前台RNC和Node B，使配置数据生效。

9.2.5.2 任务分析

同步操作的前提是RNC与CN、RNC与Node B之间完全建链，否则同步操作无法成功。

9.2.5.3 任务步骤

数据配置完成后进行整表同步，整表同步是将后台所有配置数据同步到前台替代前台原有的 ZDB 文件，操作后 CC 单板重启加载新的 ZDB 文件，在已创建的 B8300 管理网元上右击选择【整表同步】，如图 9-62 所示。

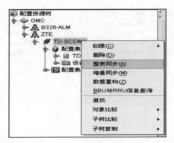

图9-62　整表同步

9.3　拓展训练

任务要求如下。

在 TD-SCDMA RNS 仿真软件上，通过查看虚拟机房和给定的参数配置表完成 Node B 设备的数据配置，主要包括模块配置、设备配置、传输模块配置、无线模块配置和数据同步等。配置说明及 Node B 网管参数如下。

（1）B8300 机架

B8300 机架配置见表 9-32。

表9-32　B8300机架配置说明

6	PM			FAN
5				
4		UBPI		
3		UBPI		
2		CC		
1	SA	CC		

（2）配置相关传输资源

相关传输资源配置见表 9-33。

表9-33　相关传输资源配置说明

参数	取值
SA单板E1线维护端口号	0、1、2、3、4、5、6、7
UBPI单板光纤维护光口编号	0、1、2
光纤编号	0、1、2
射频资源号	0、1、2

（3）配置承载链路

承载链路配置见表 9-34。

表9-34　承载链路配置说明

参数	取值
单板架/框/槽	1架/1框/1槽
IMA组号	0
连接对象	RNC

（4）配置传输链路

传输链路配置见表9-35。

表9-35　传输链路配置说明

参数	取值
AAL2	
链路标识	1、2、3、4、5
AAL2链路标识	1、2、3、4、5
VPI/VCI	1/150、1/151、1/152、1/153、1/154
承载性质	IMA（本机房用E1）
AAL5	
AAL5链路标识	64501、64502、64503、64500
VPI/VCI	1/46、1/50、1/40、1/45
AAL5类型	控制端口（NCP）、通信端口（CCP）、承载ALCAP、承载IP
CCP链路号	1

（5）配置无线模块

无线模块配置见表9-36。

表9-36　无线模块配置说明

参数	取值	说明
配置物理站点		
站点类型	S3/3/3	
配置扇区		
扇区号	0、1、2	
天线个数	8天线	
天线类型	线阵智能天线	
配置本地小区（每小区下有3个载波资源）		
本地小区号	1001、1002、1003	与RNC保持一致

任务评价单见表9-37。

表9-37　任务评价单

考核项目	考核内容	所占比例（%）	得分
任务态度	① 积极参加技能实训操作； ② 按照安全操作流程进行； ③ 纪律遵守情况	30	

（续表）

考核项目	考核内容	所占比例（%）	得分
任务过程	① 模块配置； ② 设备配置； ③ 传输模块配置； ④ 无线模块配置； ⑤ 整表同步	60	
成果验收	提交配置备份数据	10	
合计		100	

9.4 工程现场：IPOA 断链

9.4.1 故障现象

某项目分站点开通后，站点在升级之前，前后台可以正常建链，问题发生时现场进行的最后操作是 OMCB 上的后台数据整表同步到前台，出现 IPOA 断链，在对这些站点的处理过程中发现个别站点在恢复正常后又反复断链。检查该站点的 IMA 链路，发现配置的多条电路状态，部分为激活，部分为断开。

9.4.2 故障分析

① 检查站点的前后台数据配置。站点硬件配置：B8300+4R21+4R21+4R21，B8300 上 IMA 组内配置 4 条 E1 电路，RNC 侧对应的 IMA 组内配置 4 条 E1 电路。

② 检查发生断链时前后台的 IMA 组电路状态。B8300 配置的 4 条电路的硬件状态为：1、2、3 条电路在 DDF 架侧连接正常，第 4 条在 DDF 架侧被硬环回，B8300 设备侧 E1 接头未做。在本地 LMT 查看 B8300 上的 4 条电路状态为全断，与传输侧核对，第 1 条电路已经被调走别用，当前电路为断开状态正常；第 4 条电路接头未做，电路为断开状态正常，第 2、3 条电路一直处于放通状态，电路为不正常的断开状态。在 RNC 侧查看前 3 条电路全断，第 4 条状态正常激活。

③ 在 RNC 侧将处于环回状态的第 4 条电路在 IMA 组配置内删除，并进行增量同步，再次观察第 2、3 条电路，状态为恢复激活的正常状态，前后台恢复建链。在本地查看前台发现第 2、3 条电路恢复正常。

④ 在 RNC 侧恢复原来的 4 条电路配置，增量下发后再次查看电路状态，第 4 条环回电路状态变为正常，第 2、3 条为断开状态，前后台 IPOA 断链。此时测试这两条电路端口的硬环回，RNC 侧观察没有反应，电路一直处于断开状态。

⑤ 将第 4 条电路在基站 DDF 架上硬环回解开，很快，第 2、3 条电路状态变为激活正常，前后台恢复建链。此时测试第 4 条电路端口的硬环回，RNC 侧观察没有反应，电路一直处于断开状态。

⑥ 在保持第 4 条电路端口硬环回的情况下对 B8300 设备进行复位操作，在复位过程中

从RNC侧观察4条电路状态的变化情况，在设备复位成功后，首先电路状态恢复正常激活状态的是第4条处于环回的电路，之后第2、3条电路便一直处于断开状态，不再恢复正常状态，前后台IPOA断链。

⑦ 在RNC侧对第4条电路进行"禁用"操作，观察电路状态变化，大概3 min后第2、3条电路恢复正常激活状态，前后台建链。

9.4.3 故障解决

① 在前后台IPOA建链的情况下，如果存在个别电路在基站侧DDF架上向RNC硬环回的情况，该电路在"OMCR/动态数据管理/IMA链路"里看到的电路状态为断开状。在这种情况下，如果发生基站复位或是RNC侧IMA组重下发配置，则向RNC侧有硬环回的电路先达到正常状态，从而影响正常的放通电路状态，引起前台IPOA断链。

② 对于环回电路可以在RNC侧通过"禁用"的操作来断开电路，保证正常放通电路的正常状态。

③ 对于基站侧的电路配置一定要与实际所用的电路一致，也就是说不能存在向基站有硬环回的情况，如果有这种情况，一旦基站复位引起传输断链，在RNC侧是无法恢复的，只能通过站点更改配置或是断开环回来解决。

④ 当前版本下同一IMA组内的环回和放通的电路状态是不能同时查询到的。如果环回电路状态为正常激活，那么正常使用的电路进行通断操作，其结果是无法显示的；如果正常放通电路为正常激活，那么对组内其他电路做环回测试也是看不到其真实状态的。

▶ 9.5 项目总结

本项目是对B8300设备进行介绍和开通配置，这对网优工作的整体分析是有较大的帮助的。因为物理层的一些参数在这里会有体现，另外，天线的一些参数（如方位角）也是在这里进行配置。

项目总结如图9-63所示。

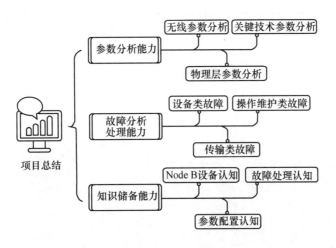

图9-63 项目总结

过关训练

1. 填空题

（1）ZXSDR B8300 T100产品的中文名称为_____。

（2）_____板提供GPS系统时钟和射频基准时钟。

2. 单选题

（1）（　　）单板支持9路轴流风机风扇监控。

    A.CC   B.FS   C.SA   D.UBPM

（2）CC板的（　　）接口用于B8300与RNC之间连接的以太网电接口。

    A.ETH0   B.TX/RX   C.ETH1   D.EXT

3. 多选题

R31主要功能有（　　）。

    A.下行将基带信号变换成射频信号，通过天线发射

    B.上行将天线接收到的射频信号变换成基带信号，发送到BBU

    C.电源监控告警功能

    D.支持2路主备电源15kA保护能力

4. 判断题

（1）NIS1称为STM-1网络接口板，提供2个非信道化STM-1光接口传输。（　　）

（2）TLP称为基站防雷箱模块，支持2路以太网信号6kA的保护能力。（　　）

5. 简答题

在如下B8300机箱插箱图上填写单板名称（满配），并简述各个单板的作用。

6			
5			
4			
3			
2			
1			

项目 10 实现手机互通

在实战篇完成了 RNC 和 Node B 的数据配置后,我们需要使用手机验证 RNC 与 Node B 数据配置的正确性。那么 UE 呼叫过程是怎样的呢?如何利用网管来进行拨打测试?拨打失败时如何进行故障定位与处理?这些是本项目的重点内容。

知识图谱

项目 10 的知识图谱如图 10-1 所示。

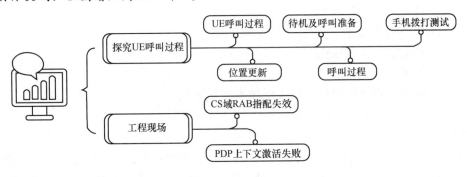

图10-1 项目10知识图谱

学习目标

(1)领会:UE 呼叫过程。
(2)应用:拨打失败时的故障定位和处理。

▶▶ 10.1 知识准备

接下来,我们将对 UE 的呼叫过程进行详细介绍。

UE呼叫过程如图10-2所示。

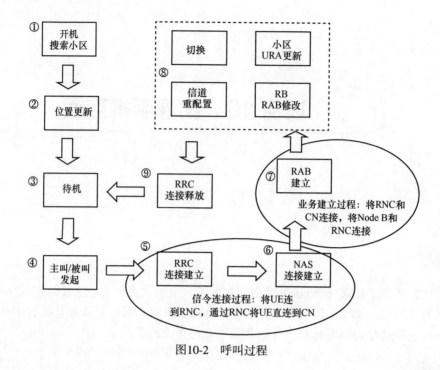

图10-2　呼叫过程

（1）小区搜索和小区选择

小区搜索与小区选择主要完成以下功能：

① 测量TDD频带内各载频的宽带功率；

② 在DwPTS时隙搜索下行同步码SYNC_DL；

③ 确定小区使用的训练序列码；

④ 建立P-CCPCH同步；

⑤ 读取BCH得到系统消息（接入层和非接入层）；

⑥ 判决决定是否选择当前小区。

（2）位置更新

① 位置区：为了确认移动台的位置，每个TD-SCDMA覆盖区都被分为许多个位置区，一个位置区可以包含一个或多个小区。网络将存储每个移动台的位置区，并作为将来寻呼该移动台的位置信息。对移动台的寻呼是通过对移动台所在位置区的所有小区寻呼来实现的。如果MSC容量负荷较大，它就不可能对所控制区域内的所有小区一起进行寻呼，因为这样的寻呼负荷将会很大，这就需要引入位置区的概念。位置区的标识（LAC码）将在每个小区广播信道上的系统消息中发送。

② 位置更新：当移动台由一个位置区移动到另一个位置区时，必须在新的位置区进行登记，也就是说一旦移动台出于某种需要或发现其存储器中的LAI与接收到当前小区的LAI号不一致，就必须通知网络来更改它所存储的移动台的位置信息。这个过程就是位置更新。

（3）待机及呼叫准备

完成位置更新后，UE的位置信息登记到网络侧，UE进入待机状态（RRC处于IDLE

状态），可以进行主叫或被叫。主叫与被叫的区别是被叫有个寻呼过程。呼叫准备过程的具体内容有：

① UE监听寻呼信道（PCH）；

② RRC检测寻呼信息中的ID信息；

③ RRC接收系统消息并进行更新；

④ RRC控制物理层进行测量；

⑤ RRC控制进行小区重选；

⑥ 如果收到寻呼消息（被叫）或主动进行呼叫（主叫），需要进行位置更新，高层指示RRC与网络侧建立RRC连接。

（4）呼叫过程

可以由UE主动发起呼叫，也可以由网络发起呼叫。在呼叫建立过程中需要在CN与UE以及UTRAN与UE间进行信令交互，分以下3个步骤进行：

① 建立RRC连接；

② 建立NAS信令连接；

③ 建立RAB连接。

在通信过程中，UE的状态会进行迁移，于是会进行小区的更新和信道重配置过程。呼叫结束后有释放过程。

▶▶ 10.2　典型任务

10.2.1　任务描述

手机拨打测试是基站验收中的重要环节，本任务的目的是通过实验仿真软件中的模拟手机进行拨打测试，来验证网管配置的正确性；同时使用动态数据管理功能进行手机通话不成功时的故障定位，从而分析故障原因。

10.2.2　任务分析

本任务的操作过程较为简单，当手机拨打成功时，则表明RNC和Node B网元数据配置正确；若手机拨打不成功时，则需要通过动态数据管理来进行数据配置中故障点的定位。

10.2.3　任务步骤

10.2.3.1　手机通话测试

1. 使用虚拟电话

① 在虚拟后台双击【虚拟电话】图标，如图10-3所示。

② 进入虚拟电话拨号界面，如图10-4所示。

图10-3　【虚拟电话】图标

图10-4 虚拟电话拨号界面

③ 单击其中一台虚拟手机进入电话拨号界面，被选中的手机处于放大状态，如图10-5所示，虚拟手机起初都处于待机状态。

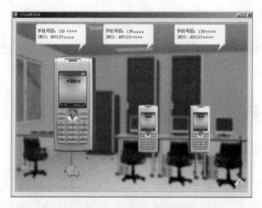

图10-5 虚拟手机状态

④ 单击其他手机可切换到该手机进行操作，如图10-6所示。

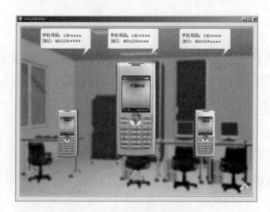

图10-6 切换手机操作界面

2. 虚拟手机在不同状态下的显示

① 在待机状态下，虚拟手机显示如图10-7所示。

图10-7　虚拟手机待机状态

 学习小贴士

图10-7中，右边为故障只限紧急呼叫时的待机状态，左边为无故障或包含除了只限紧急呼叫故障的其他故障的待机状态。

② 虚拟手机在主功能模块界面状态下的显示如图10-8所示。

③ 虚拟手机在快捷方式模块界面状态下的显示如图10-9所示。

图10-8　虚拟手机在主功能　　　　图10-9　虚拟手机在快捷方式模
　　　模块界面的显示状态　　　　　　　　块界面的显示状态

④ 虚拟手机在信息功能模块界面状态下的显示如图10-10所示。

⑤ 虚拟手机在通话信息模块界面状态下的显示如图10-11所示。

图10-10　虚拟手机在信息功能　　　图10-11　虚拟手机在通话信息
　　　模块界面的显示状态　　　　　　　　模块界面的显示状态

⑥ 虚拟手机在通讯录模块界面状态下的显示如图10-12所示。

图10-12　虚拟手机在通讯录模块界面的显示状态

⑦ 虚拟手机在互联网模块界面状态下的显示如图10-13所示。

⑧ 虚拟手机在关机状态下的显示如图10-14所示。

图10-13　虚拟手机在互联网模块界面的显示状态　　　图10-14　虚拟手机关机状态

3. 手机拨打

直接按拨打键将进入"查找并拨叫"界面，按向上、向下键来选择号码，再次按拨打键来拨打该号码的手机。要拨打特定的手机号，如13944×××××××，先按相应的数字键，再按拨打键进行呼叫。

10.2.3.2　动态数据管理

动态数据管理的功能是通过OMC直接向Node B发起一些状态查询命令以及操作执行命令，通过反馈的状态，可以查看传输链路、接口连接、小区的建立情况等。

在主视图上单击【视图→动态数据管理】，进入动态数据管理视图，如图10-15所示。

双击动态管理树中的【动态数据管理】或【Node B动态数据管理】节点，开始动态数据跟踪，如图10-16所示。

1. 服务小区管理

在【动态数据管理】窗口中点击右边视图标签【服务小区管理】，查看当前RNC的服务小区相关状态，如图10-17所示。

图10-15　进入动态数据管理

图10-16　双击查看动态数据管理

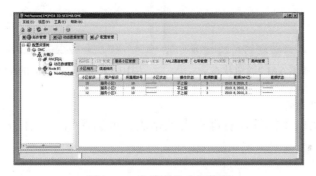
图10-17　查看服务小区管理

（1）小区相关

点击【小区相关】标签，右键点击数据表，可选择相关操作查看相关数据，如图10-18所示。

当小区状态中显示"未建立,闭塞"时,手机上会显示"只限紧急呼叫",无法拨打电话。

（2）信道相关

点击【信道相关】标签，右键点击数据表，可选择相应操作查看相关数据，如图10-19所示

图10-18　查看小区相关数据

图10-19　查看信道相关数据

2. AAL2 通道管理

在【动态数据管理】窗口中点击右边视图标签【AAL2通道管理】，查看当前RNC的AAL2通道相关状态，如图10-20所示。

（1）Iub局向

点击【Iub局向】标签，右键点击数据表，可选择相应操作查看相关数据，如图10-21所示。

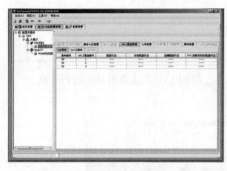

图10-20　查看AAL2通道状态　　　　图10-21　查看Iub局向的AAL2通道信息

（2）Iu-CS局向

点击【Iu-CS局向】标签，右键点击数据表，可选择相应操作查看相关数据，如图10-22所示。

3. 七号管理

① 在【动态数据管理】窗口中点击右边视图标签【七号管理】，查看当前RNC的七号管理状态，如图10-23所示。

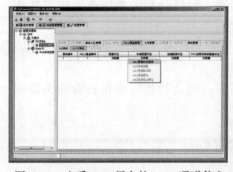

图10-22　查看Iu-CS局向的AAL2通道信息　　　图10-23　查看七号管理

② 在邻接局类别选项中选择要查看的局向编号后，点击【局向状态信息查询】，即可查看跟踪结果，如图10-24所示。

4. 局向管理

① 在【动态数据管理】窗口中点击右边视图标签【局向管理】，查看当前RNC的局向管理状态，如图10-25所示。

② 在【选择局向】界面中选择要查看的局向编号后，点击【AAL2通道】，即可查看跟踪结果，如图10-26所示。

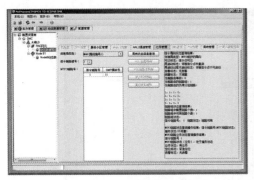

图10-24　七号管理跟踪结果　　　　　图10-25　查看局向管理

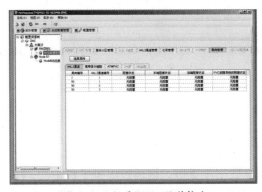

图10-26　查看AAL2通道信息

　　③ 在【选择局向】界面中选择要查看的局向编号后，点击【宽带信令链路】，即可查看跟踪结果，如图10-27所示。

　　④ 在【选择局向】界面中选择要查看的局向编号后，点击【ATMPVC】，即可查看跟踪结果，如图10-28所示。

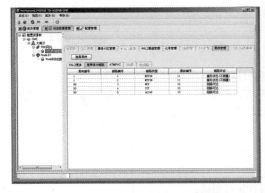

图10-27　查看宽带信令链路信息　　　　　图10-28　查看ATMPVC信息

5. Node B 机架图

　　双击动态管理树中的【Node B 动态数据管理】节点，然后在【动态数据管理】窗口中点击右边视图标签【机架图】，查看当前 Node B 机架图状态，如图10-29所示。

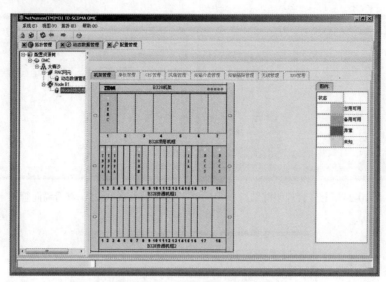

图10-29　查看Node B机架图

10.2.4　任务训练

任务描述。

在完成RNC与Node B数据配置后，请通过虚拟平台中的3台模拟手机进行拨打测试。当手机拨打测试不成功时，请分析不同故障现象下的原因。

① 故障现象1：3台手机均显示"只限紧急呼叫"。

原因分析。

② 故障现象2：3台手机间能够实现语音通话，但不能实现上网功能。

原因分析。

③ 故障现象3：手机1拨打手机2时，手机2没有响应。

原因分析。

任务评价单。

任务评价单见表10-1。

表10-1　任务评价单

考核项目	考核内容	所占比例（%）	得分
任务态度	① 积极参加技能实训操作； ② 按照安全操作流程进行； ③ 纪律遵守情况	30	
任务过程	① 通过虚拟平台中的3台模拟手机进行拨打测试； ② 手机拨打测试不成功时，分析不同故障现象下的原因； ③ 掌握动态数据管理功能和操作方法	60	
成果验收	故障分析报告	10	
合计		100	

10.3　工程现场一：CS 域 RAB 指配失败

10.3.1　故障现象

某局 RNC5 开通后，经过网优测试发现多次 CS 语音呼叫失败次数达 50%，经信令跟踪查看是 RAB 指配失败，Iu-UP 初始化发送 3 次不成功后，没有得到 CN 侧回应失败。

10.3.2　故障分析

如图 10-30 和图 10-31 所示，通过信令跟踪截图及树码解析截图，可以看出是 AAL2 用户层面承载出现问题，Iu-UP 初始化失败，因此问题可能出在部分 AAL2 配置上。

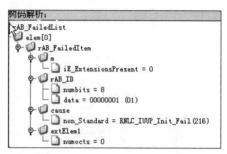

图10-30　信令跟踪截图　　　　　　　　图10-31　树码解析截图

10.3.3　故障解决

从打印分析来看，RNC 连续发送 Iu-UP 初始化消息给 CN，没有得到回应，CN 直接释放掉。通过检查 RNC 和核心网侧配置的 AAL2 数据，发现核心网 11 光口的 VCI 链路号有误。两边 11 号光口对应的 VCI 不一致，导致整个 11 号光口的 PVC 通道不通，最终导致 RAB 指配失败。

10.4　工程现场二：PDP 上下文激活失败

10.4.1　故障现象

在现场与 CN 对接、调试 PS 业务时，出现 PDP 激活成功率比较低的问题，10 次中只有 1 次成功，从信令跟踪上观察，CN 下发了 RAB 指派后，RNC 回了 Iu-UP 建立失败的消息。

10.4.2　故障分析

分析成功和失败时 CN 下发的 RAB 指派信令，发现当下发的 CN 媒体面地址不是

100.100.100.100（十六进制）时，RNC侧就出现Iu-UP建立失败现象，RNC上的打印错误为：RPI 852: Iuup SetUpFail!Error Code is 7 from Up。图10-32所示为媒体面地址配置截图。

10.4.3 故障解决

检查媒体面地址配置，在RNC网管【静态路由配置】，发现RNC侧配置了CN侧的一个媒体面地址（100.100.100.100），而CN侧下发的媒体面地址为100.100.100.*的网段地址，导致RNC拒绝PDP激活。将【静态路由配置】中的【静态路由网络前缀】改为100.100.100.*的网段，如图10-33所示，问题就解决了。

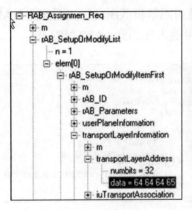

图10-32 媒体面地址配置截图

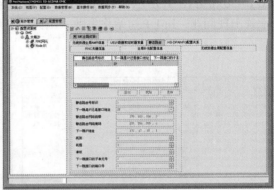

图10-33 网管静态路由配置

10.5 项目总结

通过本项目，我们可以了解UE呼叫过程，通过手机拨打测试验证RNC与Node B数据配置的正确性，也能学习到拨打失败时如何进行故障定位与处理。本项目的学习使网优人员对网络的验证、分析及故障处理具有全局观。

项目总结如图10-34所示。

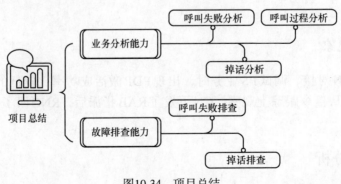

图10-34 项目总结

过关训练

1. 填空题

呼叫建立过程中CN与UE以及UTRAN与UE间进行的信令交互包括：建立RRC连接、

_____、_____。

2. 多选题

小区搜索与小区选择完成的功能有（　　）。

    A. 在DwPTS时隙搜索下行同步码SYNC_DL

    B. 确定小区使用的训练序列码

    C. 建立P-CCPCH同步

    D. 判决决定是否选择当前小区

3. 判断题

（1）为了确认移动台的位置，每个TD-SCDMA覆盖区都被分为许多个位置区，一个小区可以包含一个或多个位置区。（　　）

（2）当移动台由一个位置区移动到另一个位置区时，需要进行位置更新。位置区的标识在每个小区广播信道上的系统消息中发送。（　　）

4. 简答题

简单描述UE呼叫过程。

拓 展 篇

项目11 本地基站的开通（B328）

项目12 本地基站的开通（B8300）

项目13 典型工程案例分析

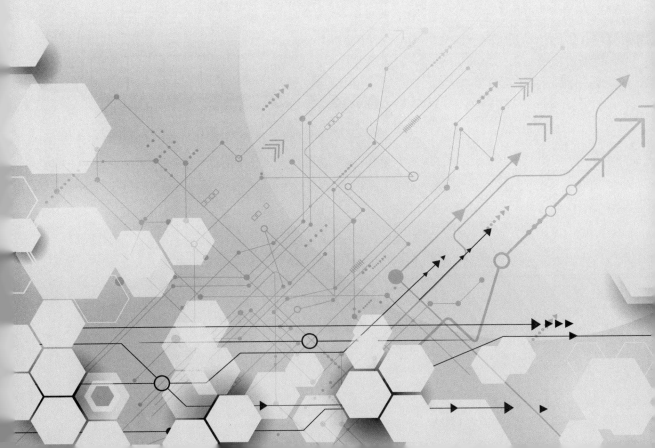

项目11　本地基站的开通（B328）

项目引入

实战篇的内容都是仿真的，那么对于真实的基站，我们该如何操作呢？本章内容将解决这个问题。

LMT（Local Maintenance Terminal）是基站的本地维护终端，通过LMT软件的数据配置，可以实现本地基站的开通。设备上电前需要进行哪些检查？LMT包括哪些配置模式？如何利用LMT进行数据配置？这些都可以在本章找到答案。

知识图谱

项目11的知识图谱如图11-1所示。

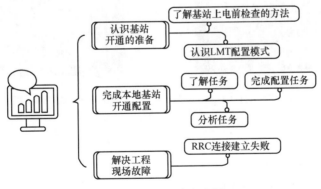

图11-1　项目11知识图谱

学习目标

（1）识记：LMT配置模式。
（2）领会：上电前检查的方法。
（3）应用：LMT数据配置。

◆◆ 11.1 知识准备

在使用LMT进行本地基站的开通配置前，我们首先需要进行设备上电前的检查，因此在知识准备阶段，我们需要先介绍设备上电前检查的方法，主要包括设备单板检查、输入电源检查和线缆连接检查。

11.1.1 上电前检查的方法

11.1.1.1 设备单板检查

① 检查站点是否按照规划配置相应数量单板。

② 检查单板是否插入正确的槽位。

图11-2为B328满配置图，图11-3所示为B328实验室配置。

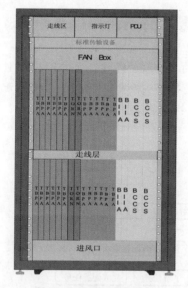

图11-2 B328满配置图

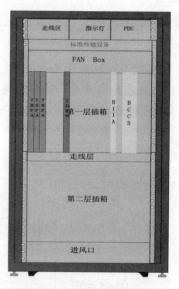

图 11.3 B328实验室配置

11.1.1.2 输入电源检查

B328/R04输入电源检查：

① 检查电源极性是否连接正确；

② 检查电源输入范围是否在 -40V DC ～ -57V DC。

11.1.1.3 线缆连接检查

检查设备及单板的相关连线是否正常。

11.1.2 LMT配置模式

LMT一共有3种配置模式，分别是在线配置、整表配置和离线配置。

①在线配置是最常用到的配置模式，即直接配置Node B前台ZDB表，该种模式配置出的数据将立即生效。

②整表配置是将后台PC上的ZDB表全部传送到Node B前台，它将清除覆盖在Node B上所有的配置，这种操作在初次开通或前台数据库表被破坏时会用到。

③离线配置是在客户端上修改配置，配置结果以ZDB文件的形式保存到一个指定的目录里，离线配置不需要设置FTP服务器，不影响Node B的运行。

▶▶ 11.2　典型任务

11.2.1　任务描述

本任务的目的是通过使用LMT软件进行数据配置，实现TD-SCDMA本地基站的开通。

11.2.2　任务分析

本任务的数据配置流程如图11-4所示。

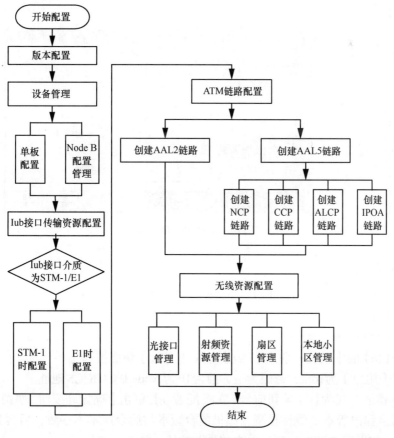

图11-4　数据配置流程

11.2.3 任务步骤

11.2.3.1 LMT 版本获取

根据搭建环境需要使用的前台版本，使用配套的LMT。单击install.bat文件后运行LMT.exe文件即可。

11.2.3.2 LMT 客户端 IP 设置

将有LMT程序的计算机IP地址设置为与BCCS的控制网口在同一网段。

11.2.3.3 LMT 的 FTP 设置

如图11-5所示，单击工具栏上的【FTP设置】，按照下面流程进行设置。

① 将FTP主目录设置为FTP工具设置的文件目录（可任意设置，文件夹名为zdbfile即可），本例中为C：\zdbfile\。

② FTP地址设置为本机地址，本例中为100.193.2.100。

③ 用户名和密码与FTP工具上设置的用户名和密码一致。

图11-5　LMT的FTP设置

11.2.3.4 登录 LMT

根据LMT的配置模式，LMT有以下3种登录方式。

1. 在线配置

① 运行LMT程序。

② 单击LMT的【系统→登录】（或者单击【登录】快捷按钮）。

③ 设置【用户】为root，密码为空，前台IP为Node B的BCCS地址。

④ 选择登录方式为【登录到前台（在线配置）】，单击【确定】按钮，如图11-6所示。

⑤ 之后会弹出版本一致性提醒，如果前台版本与后台版本不一致，后台LMT可能无法正常打开。如果版本没有问题，单击"是"按钮，如图11-7所示。

图11-6　在线配置　　　　　　　　　图11-7　版本一致性提醒

2. 整表配置

① 在图11-6中选择登录方式为【登录到前台（整表配置）】。

② 单击LMT界面工具栏上的【整表配置】。

③ 在弹出的【整表配置】对话框中设置【服务器IP】、【文件路径】、【用户名】、【密码】。

注：在文件路径选择时，选择与后台LMT版本同时下发的数据库表文件。

3. 离线配置

① 选择【登录方式】为【登录到本地（离线配置）】。

② 在弹出的【浏览文件夹】对话框中选择ZDB文件所在的目录。

③ 进入离线数据配置过程。

11.2.3.5　设备管理配置

1. 单板配置管理

① 运行菜单【设备管理→机架图显示】，如图11-8所示。

② 根据实际的单板插放情况，在机架图中增加或删除单板，具体方法是在需要增加或删除单板的槽位，单击鼠标右键弹出增加或删除快捷菜单。

2. NodeB 配置管理

① 运行菜单【设备管理→NodeB配置】，弹出【Node B信息管理】窗口，如图11-9所示。

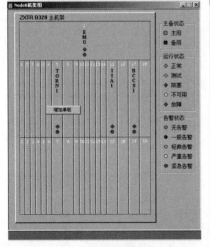

图11-8　单板配置管理　　　　　　　图11-9　NodeB配置管理

② 输入与RNC的对接参数，配置ATM地址，ATM地址长度为160位。名称、天线校正参数按图示进行配置，其他参数默认。

11.2.3.6 传输资源配置

Iub接口传输物理链路可以采用E1和STM-1两种模式，目前我们实验室采用STM-1连接，下面我们对这两种方式进行说明。

1. 创建 E1 连线

① 运行菜单【Iub接口管理→E1连线管理】，单击工具条上的【创建】按钮，弹出【创建E1连线】的对话框，如图11-10所示。

② 选择使用的IIA单板及链路号（每一个链路号均代表一收一发的一对E1线），复帧标志默认为无。

2. 创建 IMA 组

运行菜单【Iub接口管理→E1连线管理】，单击工具栏上的【创建】按钮，在弹出的对话框中选择【时钟模式】、【是否加解扰】（需要与RNC侧一致）、【版本号】，选择E1链路，如图11-11所示。

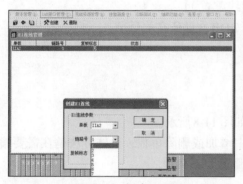
图11-10　创建E1界面

图11-11　创建IMA组

 注意

①【IMA组号】从0开始，为本地编号。

②【连接对象】为RNC。

③【是否加解扰】配置项需要和RNC侧配置的数据一致。

④【时钟模式】配置项需要和RNC侧配置的数据一致。

⑤【版本号】配置项需要和RNC侧配置的数据一致。

3. 创建 STM-1 连线

运行菜单【Iub接口管理→STM-1连线管理】，单击工具条上的【创建】按钮，弹出【创建STM-1】的对话框，如图11-12所示。

11.2.3.7 ATM 链路配置

1. 创建 AAL2 链路

① 运行菜单【Iub接口管理→AAL2链路管理】，单击工具条上的【创建】按钮，如图11-13所示。

② 根据RNC对接参数填写VPI、VCI、PathID参数，选择单板、承载性质（E1选择IMA，光纤选择STM-1）、输入带宽（根据RNC数据配置相应值）等参数，其余配置项采用缺省值即可。

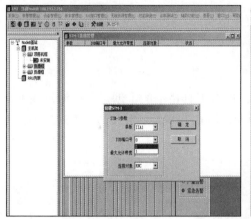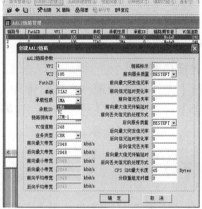

图11-12　创建SIM-1连线　　　　　　　　图11-13　创建AAL2链路

2. 创建 AAL5 链路

AAL5链路包括承载NCP、CCP、ALCAP和IPOA这几条，下面以NCP为例介绍其配置。

① 运行菜单【Iub接口管理→AAL5链路管理】，单击工具栏上的【创建】按钮，弹出【创建AAL5链路】对话框，如图11-14所示。

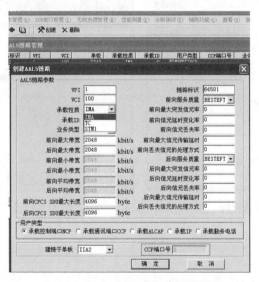

图11-14　创建AAL5链路

② 根据RNC对接参数填写VPI、VCI参数，选择承载性质（E1选择IMA，光纤选择STM-1）、输入带宽（根据RNC数据配置相应值）、用户类型（选择承载控制端口NCP）、建链于单板（选择实际使用的IIA单板），其余配置项采用默认值即可。

 **注意**

① 在配置CCP时，需要配置CCP端口号（来自于RNC对接参数）。

② 在配置IPOA时，链路标识只能为64500。

11.2.3.8 无线资源配置

1. 光接口管理

运行【无线资源管理→光接口管理】，单击工具栏上的【创建】按钮，在弹出的【光接口管理】对话框中填写光纤编号，选择光纤所在TORN单板及其在TORN单板上的光口编号即可，如图11-15所示。

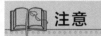 **注意**

光纤编号是后台给的本地编号，Node B内唯一。

2. 射频资源管理

运行【无线资源管理→射频资源管理】，单击工具栏上的【创建】按钮，在弹出的【射频资源管理】对话框中填写【射频资源号】，选择RRU与B328所连光纤的光纤编号及其在该光纤上的RRU序号，如图11-16所示。

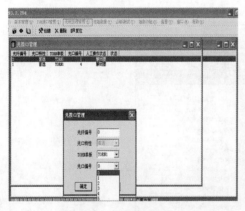

图11-15　光接口管理

图11-16　射频资源管理

 注意

射频资源号是后台给每个RRU分配的本地标识，Node B内唯一。

3. 物理站点管理

运行【无线资源管理→物理站点管理】，单击工具栏上的【创建】按钮，在弹出的【物理站点管理】对话框中填写【物理站点号】、【物理站点类型】、【物理站点名】，如图11-17所示。

4. 扇区管理

运行【无线资源管理→扇区管理】，单击工具栏上的【创建】按钮，在弹出的【扇区配置】对话框中填写【扇区标识】、【扇区名称】、【物理站点号】、【支持天线数】、【最小频点】，选择该扇区【可用射频资源】，其他参数默认即可，如图11-18所示。

图11-17 物理站点管理

图11-18 扇区管理

注意

① 扇区标识为本地标识，局内唯一。
② 支持天线数根据实际天线类型而定。
③ 可选的射频资源为之前配置的射频资源号。

5. 本地小区管理

（1）创建本地小区

运行【无线资源管理→本地小区管理】，单击工具栏上的【创建】按钮，在弹出的【本地小区管理】对话框中填写【本地小区ID】（RNC对接参数），选择本地小区所在扇区，如图11-19所示。

图11-19 本地小区管理

（2）创建本地小区下的载频

如图11-20所示，在【本地小区管理】工具栏上单击【载频管理】，打开【载波资源】对话框，填写【本地载波资源标识】，其他参数默认，如图11-21所示。

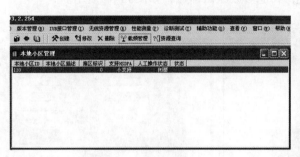

图11-20　载频创建　　　　　　　　　图11-21　载频配置

　　本地载波资源标识就是协议中的Module ID，本地标识载波，本地小区内唯一即可，这里规定在每个本地小区内从0开始依次编号。

11.2.4　任务训练

任务要求如下。

根据给定的Node B配置参数，使用LMT软件，采用离线配置模式对Node B设备进行数据配置，建立模拟小区。

B328本地维护软件LMT配置参数如下。

（1）设备配置

设备配置见表11-1。

表11-1　设备配置

	参数	取值
单板配置	TBPE1、TBPE2、TBPE3、TORN、IIA、BEMU	
设备管理配置	Node B名称	B328
	ATM地址	00 00…00 01

（2）传输配置

传输配置见表11-2。

表11-2　传输配置

	传输方式	E1方式
传输管理配置	E1可用链路	012345
	ATM承载	IMA

（续表）

PVC链路管理	AAL2链路	通道1	VPI：1 VCI：150 PATHID：1 链路标识：1
		通道2	VPI：1 VCI：151 PATHID：2 链路标识：2
		通道3	VPI：1 VCI：152 PATHID：3 链路标识：3
		承载性质：IMA	
	AAL5链路	NCP	VPI：1 VCI：46 链路标识：64501
		CCP	VPI：1 VCI：60 链路标识：64502
		ALCAP	VPI：1 VCI：40 链路标识：64503
		CCP链路号：1	

（3）无线资源配置

无线资源配置见表11-3。

表11-3　无线资源配置

	参数	取值
光口管理	光纤编号	0、1、2、3、4、5
	光口编号	0、1、2、3、4、5
射频资源管理	射频资源	0、1、2、3、4、5
	射频资源类型	R04
	光纤编号	0、1、2、3、4、5
物理天线管理	物理天线号	1、2、3
	天线类型	智能天线线阵
天线系统	天线系统号	1、2、3
	物理天线号	1、2、3
	可用射频资源天线集	0 1；2 3；4 5
物理站点	站点类型	室外宏基站
	站点名	如：广东岭南

（续表）

	参数	取值
扇区管理	扇区标识	0、1、2
	可用天线系统	0、1、2
	最大载波数	3
扇区载波管理	扇区号	0、1、2
	载波号	0、1、2
本地小区	本地小区ID	10、11、12
	扇区标识	0、1、2
	载波组个数	1
载频管理	本地载波资源标识	0、1、2
	扇区载波	0、1、2

任务评价单见表11-4。

表11-4　任务评价单

考核项目	考核内容	所占比例（%）	得分
任务态度	① 积极参加技能实训操作； ② 按照安全操作流程进行； ③ 纪律遵守情况	30	
任务过程	① 用LMT软件，采用离线配置模式对Node B设备进行数据配置； ② 设备管理配置； ③ 传输资源配置； ④ ATM链路配置； ⑤ 无线资源配置	60	
成果验收	提交离线配置备份数据	10	
合计		100	

▶▶ 11.3　工程现场：RRC连接建立失败

11.3.1　故障现象

　　某处RNC3的RRC连接失败次数为1250次（见图11-22），占全网失败总次数的41%。经过统计引发此现象的小区是CI：15612，该小区RRC连接失败次数为898次（见图11-23）。

图11-22　RRC3的RRC连接统计

图11-23　小区15612的RRC连接统计

11.3.2 故障分析

① 网络侧收不到RRC连接请求。UpPch所在位置存在干扰，导致网络侧解错终端上行包，使得RNC看不到任何信息。

② RRC连接拒绝。RNC可能因为一些原因无法为UE建立RRC资源，因此发送RRC连接拒绝，原因如下。

a. 小区码道资源不足，没有足够的码道为UE分配。

b. 干扰或功率受限，软资源接纳失败。

c. 传输资源申请或带宽接纳失败。

③ RRC连接建立超时。

11.3.3 故障解决

① 通过后台LMT软件，查看该小区载波是否存在干扰。经查看，发现该小区主载频和辅载频都存在干扰，如图11-24、图11-25和图11-26所示。

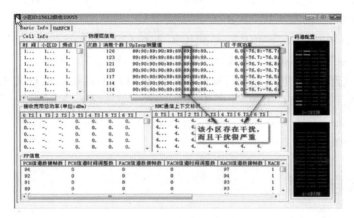

图11-24　小区15612主载频信息

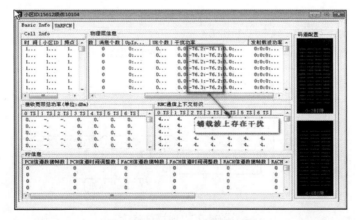

图11-25　小区15612辅载频信息

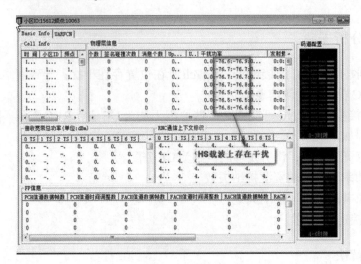

图11-26 小区15612 HS载频信息

② 通过查看LMT，我们发现上行干扰十分严重，怀疑干扰对终端的上行接入产生了很大的影响，终端在向RNC发送RRC连接请求后，RNC收到的终端信令由于干扰的影响已经很难正确解析，所以终端发送RRC连接请求后，RNC并没有正确解析该信令，故并未向终端发送rrcConnectionSetup。收不到RNC的rrcConnectionSetup，终端会重发RRC链接请求，据此可以判断终端未收到网络侧下发的RRC链接建立消息。

③ 另外通过查看CT文件，我们发现该小区有很多不同终端出现RRC连接失败的现象，故排除终端问题。RNC未收到UE发送的rrcConnectionRequest消息，UE在不断重发rrcConnectionRequest消息，场强值：primaryCCPCH_RSCP = 63，属于强场。由此，最终确定是干扰引起RRC连接失败。

11.4 项目总结

通过本项目，我们可以了解UE呼叫过程，并通过手机拨打测试来验证RNC与Node B数据配置的正确性，也能学习到拨打失败时如何进行故障定位与处理。

项目总结如图11-27所示。

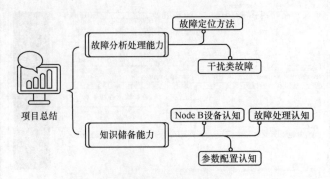

图11-27 项目总结

过关训练

1. 填空题

（1）LMT是用户对_____进行操作维护的终端。

（2）LMT有3种配置模式，分别是在线配置、_____和_____。

2. 单选题

下面（　　）不属于无线资源里的配置。

  A. 创建AAL2链路　　　　　　　　B. 光接口管理

  C. 射频资源管理　　　　　　　　D. 扇区管理

3. 多选题

（1）在基站数据配置中，AAL5链路包括的承载有（　　）。

  A. NCP　　　　　B. CCP　　　　　C. ALCAP　　　　　D. IPOA

（2）下面（　　）数据需要和RNC侧配置的数据对接。

  A. AAL2链路VPI　　　　　　　　B. AAL2链路PathID

  C. AAL5链路带宽　　　　　　　　D. AAL5链路VCI

4. 判断题

（1）整表配置直接配置Node B前台ZDB表，该种模式配置出的数据将立即生效。（　　）

（2）有LMT程序的计算机IP地址需要设置为与BCCS的控制网口位于同一网段。（　　）

5. 简答题

（1）请描述出Node B开通前上电检查需要注意的事项。

（2）请写出LTM数据配置的步骤。

项目12　本地基站的开通（B8300）

实战篇的内容都是软件仿真内容，那么对于真实的基站，我们该如何开通呢？本项目可以解决这个问题。

LMT是基站的本地维护终端，通过LMT软件的数据配置，我们可以开通本地基站。设备上电前需要进行哪些检查，LMT包括哪些配置模式，如何利用LMT进行数据配置，都可以在本节找到答案。

知识图谱

图12-1为项目12的知识图谱。

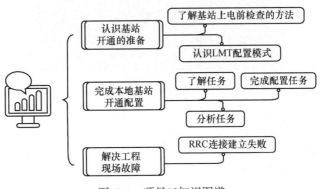

图12-1　项目12知识图谱

学习目标

（1）识记：LMT配置模式。

（2）领会：上电前检查的方法。

（3）应用：LMT数据配置。

12.1 任务 1 : 基站开通前的准备

使用LMT开通配置本地基站前，首先需要在设备上电前进行检查，因此在知识准备阶段，我们需要介绍设备上电前的检查方法，主要包括设备单板检查、输入电源检查和线缆连接检查。

12.1.1 上电前检查的方法

12.1.1.1 设备单板检查

① 检查站点是否按照规划配置相应数量的单板。

② 检查单板是否插入正确的槽位。

图12-2所示为B8300满配置图，图12-3所示为实验室配置。

PM	UBPM	UBPM	
	UBPM	UBPM	
PM	FS/UBPM	UBPM	
	FS	UBPM	
SE	CC	UBPM	
SA	CC	UBPM	FAN

图12-2　B8300满配置

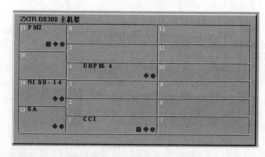

图12-3　B8300实验室配置

12.1.1.2 输入电源检查

B8300输入电源检查：

① 检查电源极性是否连接正确；

② 检查电源输入范围是否在 -40 V DC ～ -57 V DC。

12.1.1.3 线缆连接检查

检查设备及单板的相关连线是否正常。

12.1.2 LMT 配置模式

本地终端维护（Local Maintenance Terminal，LMT）提供 Node B 操作维护的用户界面，

在 Node B 操作维护子系统中，也是用户对 Node B 进行操作维护的终端。

LMT 一共有三种配置模式，分别是在线配置、整表配置和离线配置。

在线配置是最常用的配置模式，即直接配置 Node B 前台 ZDB 表，该种模式配置的数据将立即生效。

整表配置是将后台 PC 机上的 ZDB 表全部传送到 Node B 前台上，它将清除覆盖 Node B 上的所有配置，这种操作在基站设备初次开通或前台数据库表被破坏时会用到。

离线配置是在客户端上修改配置，配置结果以 ZDB 文件的形式保存到一个指定的目录里，离线配置不需要设置 FTP 服务器，不影响 Node B 的运行。

12.2　任务 2：完成本地基站开通配置

12.2.1　了解任务

本任务的目的是通过使用 LMT 软件进行数据配置，实现 TD-SCDMA 本地基站的开通。

12.2.2　分析任务

完成本任务的配置流程如图 12-4 所示。

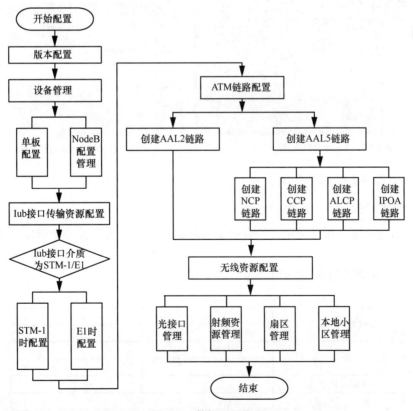

图12-4　数据配置流程

12.2.3 完成配置任务

离线登录LMT，在视图中选中"Node B管理"进入配置管理界面，如图12-5所示。

登录后选择空的配置文件D:\Node B2014-kong（对应实际配置文档的存放路径），如图12-6所示。

图12-5 LMT登录   图12-6 文件存放路径

12.2.3.1 创建 Node B

选择"设备管理"下的"Node B配置"菜单，在弹出的"Node B机架图"中进行设备的配置，具体如图12-7和图12-8所示。

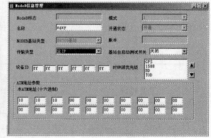

图12-7 Node B机架图   图12-8 Node B信息管理

注:【传输类型】选择【全IP】。

12.2.3.2 创建单板

观察实际的设备，并且记录，然后根据实际情况记录什么板在哪个槽位，然后再配置单板。

实训室B8300的实际配置如图12-9所示。

PM2	17		
		UBPM-4	4
NIS0-14	14		
SA	13	CC1	1

图12-9 B8300实际配置

根据观察结果在对应的槽位号配置板卡，如图12-10～图12-15所示。

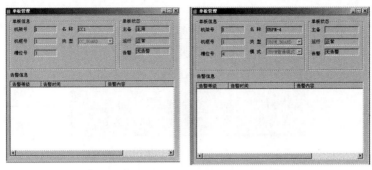

图12-10　CC单板管理　　　　　图12-11　UBPM单板管理

图12-12　UBPM单板接口管理

注：因配置的是3G的TD-SCDMA模式，此处需选择【是】。如选择【否】配置的是4G模式。

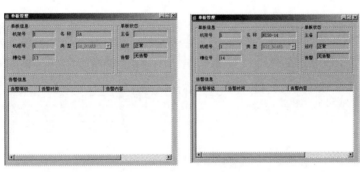

图12-13　SA单板管理　　　　　图12-14　NIS单板管理

图12-15　PM单板管理

单板配置完成后，机架如图12-16所示。

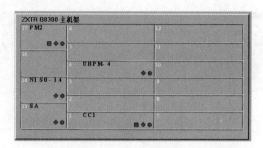

图12-16　机架图

12.2.3.3　传输资源设置

在【传输管理】菜单（如图12-17所示）下依次创建图12-18～图12-24所示的传输信息。

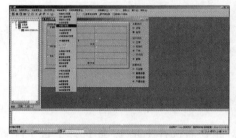

图12-17　传输管理

图12-18　FE端口管理

图12-19　全局端口管理

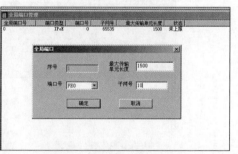

图12-20　全局端口管理

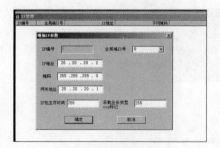

图12-21　IP管理

图12-22　SCTP偶联管理

图12-23　偶联流管理　　　　　　图12-24　偶联流管理

12.2.3.4　无线资源设置

在【无线资源管理】菜单（如图12-25所示）下依次创建图12-26～图12-33所示的无线资源。

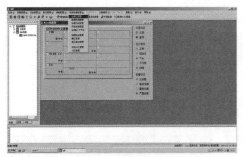

图12-25　无线资源管理　　　　　　图12-26　光接口管理

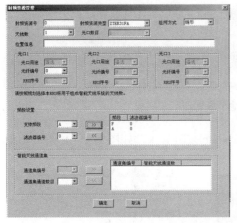

图12-27　射频资源管理　　　　　　图12-28　物理天线管理

图12-29　天线系统管理

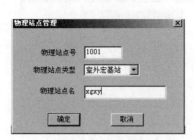

图12-30 物理站点管理

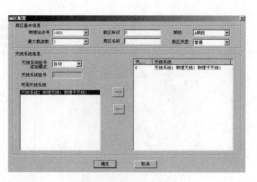

图12-31 扇区管理

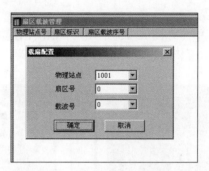

图12-32 扇区载波管理

图12-33 本地小区管理2

以上信息配置完成后把数据导出到文件夹 NodeB2014-ok，如图12-34和图12-35所示。

图12-34 配置文件导出

图12-35 配置文件导出文件夹

12.2.3.5　数据同步与业务验证

在本机的网络连接处添加 IP 地址：192.254.1.1××（××不能是 16，该配置用于把数据上传到基站）。传基站数据的操作如下。

① 在 LMT 登录界面选择"登录到前台"，选中【开启内置 FTP】复选框，单击【取消】按钮，然后进行 FTP 的设置，密码为 1，如图 12-36～图 12-38 所示。

② FTP 用于数据的上传。设置好 FTP 后重新登录 LMT，此时登录方式为【登录到前台（整表配置）】，选择【开启内置 FTP】复选框，单击【确定】按钮，如图 12-39 所示。

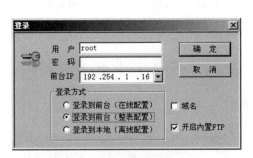

图12-36　开启内置FTP

图12-37　选择FTP路径

图12-38　FTP设置

图12-39　整表配置方式进行登录

③ 然后单击菜单【整表配置】，在图 12-40 所示的对话框中单击【确定】按钮。

④ 之后，在图 12-41 所示的对话框中选择配好的数据存放路径。

图12-40　整表配置方式进行登录

图12-41　选择配置好的数据存放路径

⑤ 单击【确定】按钮，如图12-42所示。

⑥ 数据同步完成后出现图12-43所示的对话框。

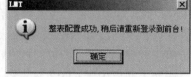

图12-42 整表配置命令发送   图12-43 整表配置命令发送成功

⑦ 此处可能需要等待几分钟（可以通过Ping192.254.1.16的方式确定能不能登录，如果能Ping通说明可以登录了），然后才可以登录到前台，此时选择在线配置的登录方式，如图12-44所示。

⑧ 单击【确定】按钮，登录进去后会出现图12-45所示的提示，单击【是】按钮即可。

图12-44 在线配置的方式进行登录   图12-45 在线配置的方式登录结果

如图12-46所示，查看本地小区的情况。

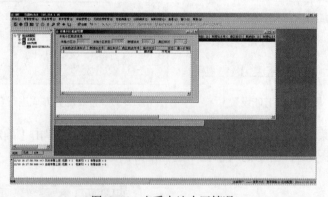

图12-46 查看本地小区情况

本地小区载波操作状态为：解闭塞，状态：正常。之后我们可以用手机搜索网络拨打手机电话业务，手机可以相互呼通说明配置正确。

12.3 项目总结

通过本项目，我们可以了解UE呼叫的过程，通过手机拨打测试来验证RNC与Node B

数据配置的正确性，也能了解拨打失败时如何进行故障定位与处理。通过本项目的学习，我们对网络的验证、分析及故障处理有了全局观。

项目总结如图12-47所示。

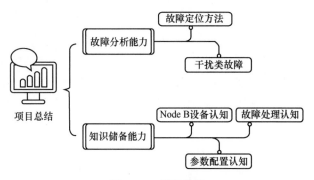

图12-47　项目总结

过关训练

一、单选题

下面哪个不属于无线资源的配置（　　）。

  A. 创建 AAL2 链路　　　　　　　　B. 光接口管理

  C. 射频资源管理　　　　　　　　　D. 扇区管理

二、多选题

（1）基站数据配置中，AAL5 链路包括的承载有（　　）。

  A. NCP　　　　　B. CCP　　　　　C. ALCAP　　　　　D .IPOA

（2）下面哪些数据需要和 RNC 侧配置的数据对接（　　）。

  A. AAL2 链路 VPI　　　　　　　　B. AAL2 链路 PathID

  C. AAL5 链路带宽　　　　　　　　D. AAL5 链路 VCI

三、判断题

（1）整表配置直接配置 Node B 前台 ZDB 表，该种模式配置的数据将立即生效。（　　）

（2）有 LMT 程序的计算机 IP 地址需要设置为与 BCCS 的控制网口位于同一网段。（　　）

四、简答题

（1）请描述 Node B 开通前上电检查需要注意的事项。

（2）请写出 LTM 数据配置的步骤。

项目13　典型工程案例分析

项目引入

网络搭建过程中需要建立成千上万个基站，在网络建立时总是难免遇到故障。或者有些站点本来运行正常的，但是升级时出现问题。这些故障如何解决呢？本项目将总结经验，对故障进行分类描述以及解决。

知识图谱

图13-1为项目13的知识图谱。

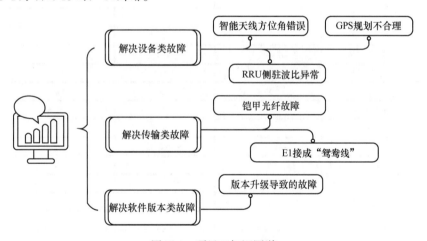

图13-1　项目13知识图谱

学习目标

（1）识记：一般故障的解决方法。

（2）领会：故障解决的思路。

（3）应用：解决设备类、传输类以及软件类故障。

13.1　设备类故障

13.1.1　智能天线方位角错误导致覆盖出现盲区

【内容描述】

本节以"深圳市龙岗区横岗街道办深惠路某基站智能天线"故障案例为主线，在案例分析环节将故障定位在智能天线方位角部分。结合之前的与智能天线相关的知识，以及天线高度调整、方位角调整、下倾角调整等技术知识，将理论运用于实践，我们学习在实际工作岗位中解决相应问题的思路和方法。

【学习要求】

（1）识记：智能天线的类型，智能天线的主要参数。

（2）领会：智能天线的工程操作知识。

（3）应用：智能天线参数测量工具。

13.1.1.1　案例描述

深圳市龙岗区横岗街道办深惠路新建了一个名叫翠湖山庄2的TD-SCDMA站点；站型为S9/9/9；小区信息配置如图13-2所示。

基站小区配置			
小区	C1	C2	C3
小区容量	9	9	9
功分数量	1	1	1
水平方向角	50	130	210
垂直下倾角	6	6	6
小区功率(dBm)	33	33	33
天线升高	3	3	3
天线挂墙否	否	否	否
天线美化	实际需要	实际需要	实际需要
是否使用高增益天线	否	否	否
覆盖区域	深惠公路	翠湖山庄	翠湖山庄
	翠湖山庄		
覆盖类型	道路	住宅区	住宅区
	住宅区		
天面建设方式	普通楼房天面	普通楼房天面	普通楼房天面

图13-2　基站小区信息配置

目前该站点已经从单站验收转为工程优化阶段；据优化部门反映第一小区覆盖区域经常出现盲区，同时，客服部也经常接到该地区的投诉；故需及时处理该问题。

13.1.1.2　案例分析

从优化部门反映来看，第一小区覆盖区域经常出现盲区，现场工作人员立刻向优化部门查询盲区区域，同时向用户投诉受理部门了解用户投诉的区域，经过两方面的汇总现场工作人员确定盲区大致位置。经过反复思考，现场工作人员确定故障可能是智能天线实际安装方位角与设计规划角度不一致，导致实际覆盖区域与设计规划区域出现差错，造成有些区域无法覆盖，形成盲区。

13.1.1.3　案例知识点精讲

智能天线对于TD-SCDMA移动通信网络来说，具有举足轻重的作用，如果智能天线的选择（类型、位置）出现偏差，或者智能天线的参数设置不当，都会直接影响整个TD-SCDMA移动通信网络的运行质量。尤其在基站数量多、站距小、载频数量多的高话务量地区，智能天线选择及参数设置是否合适，对TD-SCDMA移动通信网络的干扰、覆盖率、接通率及全网服务质量都有很大影响。不同的地理环境、不同的服务要求需要选用不同类型、不同规格的智能天线。

天线调整是在移动通信网络优化工作中经常用到的方法之一。

（1）智能天线高度的调整

智能天线高度直接与基站的覆盖范围有关。一般来说，使用仪器测得的信号覆盖范围受到以下两方面因素的影响。

① 智能天线的直射波所能到达的最远距离。

② 到达该地点的信号强度是否足以被仪器所捕捉。

以GSM为例，900MHz移动通信是近地表面的视线通信，天线发出的直射波所能到达的最远距离（S）直接与收发信号天线的高度有关，具体关系式可简化如下：

$$S=2R(H+h) \qquad (13-1)$$

其中，R——地球半径，约为6370km；

H——基站天线的中心点高度；

h——手机或测试仪表的天线高度。

由此可见，基站无线信号所能到达的最远距离（即基站的覆盖范围）是由天线高度决定的。

GSM网络在建设初期，站点较少，为了保证覆盖，基站天线一般架设得都较高。随着近几年移动通信的迅速发展，基站站点大量增多，在市区建站间隔已经达到大约500m。在这种情况下，我们必须减小基站的覆盖范围，降低天线的高度，否则会严重影响网络质量。其影响主要有以下几个方面。

1）话务量不均衡

基站天线过高会造成该基站的覆盖范围过大，从而造成该基站的话务量增大，而与之相邻的基站由于覆盖较小且被该基站覆盖，话务量会减少，不能发挥应有的作用，导致话务不均衡。

2）系统内干扰

基站天线过高会造成越站无线干扰（主要包括同频干扰及邻频干扰），引起掉话、串话和出现较大杂音等现象，从而导致整个无线通信网络质量下降。

3）孤岛效应

孤岛效应属于基站覆盖性问题，当基站在大型水面或多山地区等特殊地形上覆盖时，由于水面或山峰的反射，基站在原覆盖范围不变的基础上会在很远处出现"飞地"，而与之有切换关系的相邻基站却因地形的阻挡无法覆盖，这样就造成"飞地"与相邻基站之间没有切换关系，"飞地"因此成为一个孤岛，当手机占用"飞地"覆盖区的信号时，很容易因没有切换关系而引起掉话。

（2）智能天线俯仰角的调整

智能天线俯仰角的调整是网络优化中非常重要的环节。选择合适的俯仰角可以使天线至本小区边界的射线与天线至受干扰小区边界的射线之间处于天线垂直方向图中增益衰减变化最大的部分，从而使受干扰小区的同频及邻频干扰减至最小；另外，选择合适的覆盖范围，使基站实际覆盖范围与预期的设计范围相同，同时加强本覆盖区的信号强度。

以GSM为例，目前的移动通信网络中，由于基站站点的增多，使得设计部门在设计市区基站的时候，一般要求其覆盖范围大约为500 m，而根据天线的特性，如果不使天线有一定的俯仰角（或俯仰角偏小）的话，则基站的覆盖范围会远远大于500 m，如此则会造成基站实际覆盖范围比预期范围偏大，从而导致小区与小区之间交叉覆盖，相邻切换关系混乱，系统内频率干扰严重。另一方面，如果天线的俯仰角偏大，则会造成基站实际覆盖范围比预期范围偏小，导致小区之间的信号盲区或弱区，同时易导致天线方向图形状的变化（如从鸭梨形变为纺锤形），从而造成严重的系统内干扰。因此，合理设置俯仰角是整个移动通信网络质量的基本保证。

一般来说，俯仰角的大小可以由以下公式推算：

$$\theta = \arctan(h/R) + A/2 \tag{13-2}$$

其中，θ——天线的俯仰角；

h——天线的高度；

R——小区的覆盖半径；

A——天线的垂直平面半功率角。

公式（13-2）是将天线的主瓣方向对准小区边缘时得出的，在实际的调整工作中，一般在由此得出的俯仰角角度的基础上再加上1°～2°，使信号更有效地覆盖在本小区之内。

（3）天线方位角的调整

天线方位角的调整对移动通信的网络质量也非常重要。一方面，准确的方位角能保证基站的实际覆盖与所预期的相同，保证整个网络的运行质量；另一方面，依据话务量或网络存在的具体情况适当地调整方位角，可以更好地优化现有的移动通信网络。

根据理想的蜂窝移动通信模型，小区交界处的信号相对互补。现行的TD-SCDMA系统中，定向站一般包含3个小区，具体如下。

① 小区：方位角度0°，天线指向正北。

② 小区：方位角度120°，天线指向东南。

③ 小区：方位角度240°，天线指向西南。

TD-SCDMA网络建设及规划中，一般严格按照上述的规定对天线的方位角进行安装及调整，这也是天线安装的重要标准之一。如果方位角的设置存在偏差，则基站的实际覆盖与设计不符，导致基站的覆盖范围不合理，从而造成一些意想不到的同频及邻频干扰。

但实际的TD-SCDMA网络中，一方面，由于地形的原因，如大楼、高山、水面等，往往引起信号的折射或反射，从而导致实际覆盖与理想模型存在较大的出入，造成一些区域信号较强，另一些区域信号较弱，这时可根据网络的实际情况，适当地调整相应天线的方位角，以保证信号较弱区域的信号强度，达到网络优化的目的。另一方面，由于人口密度不同，导致各智能天线所对应的小区话务量不均衡，这时可通过调整智能天线的方位角，达到均衡话务量的目的。

当然，一般情况下我们并不赞成调整智能天线的方位角，因为这样可能会造成一定程度的系统内干扰。但在某些特殊情况下，如当地有紧急会议或大型公众活动时，会导致某些小区话务量特别集中，这时可临时调整天线的方位角，以达到均衡话务、优化网络的目的；另外，针对郊区某些信号盲区或弱区，也可通过调整智能天线的方位角达到优化网络的目的，这时应辅以场强测试车对周围信号进行测试，以保证TD-SCDMA网络的运行质量。

学习小贴士

在日常维护中，如果工作人员要调整智能天线机械下倾角度，整个系统要关机，不能在调整智能天线倾角的同时进行监测覆盖情况；机械调整智能天线下倾角度会非常麻烦，一般需要维护人员爬到智能天线安放处进行调整；机械天线的下倾角度是通过计算机模拟分析软件计算的理论值，与实际最佳下倾角度有一定的偏差；机械天线调整倾角的步进度数为1°。

13.1.1.4 故障处理过程

从站点验收文档调出翠湖山庄2的相关验收文件，查看该站点智能天线在天面安装位置的规划图，如图13-3所示。

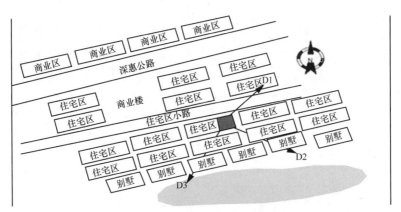

图13-3 智能天线天面安装位置

工作人员来到基站天面现场，用地质罗盘测量各小区智能天线实际安装的方位角分别为35°、132°、212°，与该基站实际规划的小区信息配置表内的数据相比存在很大偏差；故将相关事件上报工程建设部门，追究该基站工程督导责任；基站建设工程队重新调整智能天线方位角后，该问题解决。

注意

新建 TD-SCDMA 站点时，智能天线的方位角度是否精确直接影响网络优化中路测信号的质量，工程督导必须严格要求，施工时必须符合工程规范；工程验收必须按照相关规范严格检查。

思考与拓展

智能天线是 TD-SCDMA 系统的关键技术，请结合相关知识思考：为什么在 TD-SCDMA 室内分布系统中不使用智能天线而是使用普通单极化天线？

大开眼界

目前应用于 TD-SCDMA 移动网络中的智能天线已有单极化智能天线、双极化智能天线、AEF 超宽频双极化智能天线、AF/AE 二合一智能天线等，随着 TD-SCDMA 系统技术及应用的不断发展和完善，未来智能天线将朝着电调化、一体化、小型化的方向发展。在 4G 中，我们还可考虑将智能天线技术和 MIMO 技术相结合，使得通信终端能在更高的移动速度下实现可靠传输，进一步提高通信系统的性能。

趋势一：与 MIMO 技术相结合

MIMO 技术是 4G 中的一项关键技术，可以大大增加无线通信系统的容量，并有效改善无线通信系统的性能，非常适合未来移动通信系统中对高速率业务的要求。智能天线和 MIMO 都属于多天线系统中的技术，两者既有共性又有显著区别：智能天线是仅在无线链路的一端采用阵列天线捕获与合并信号的处理技术；而 MIMO 是在无线链路两端都使用多元天线阵列，并将发送分集和接收分集结合起来的技术。智能天线的原理是利用到达天线阵的信号之间完全相关并形成天线方向图，利用信号的相位关系克服多径干扰，实现信号的定向发送和接收；而在 MIMO 中天线收发信号是全方位的，并且到达天线阵的信号必须相互独立，用多个天线接收信号来克服信号到达接收机的空间深衰落，增加分集增益。智能天线技术可以形成能量集中的波束，增强有用信号并降低干扰，而MIMO 技术可以充分利用多径信息来提高系统容量。如果将两者结合起来，充分利用两种技术带来的增益，将给系统性能和容量带来极大的提升。因此，充分结合 MIMO 技术和智能天线技术的优点，进一步开发空域资源，使得通信终端能在更高的移动速度下实现可靠传输，将成为智能天线未来发展的必然趋势之一。

趋势二：一体化智能天线

目前，现网使用的双极化智能天线都需要通过 9 条上跳线额外连接 RRU 设备，其中 8 条连接天线射频通道，1 条是智能天线校准线。这种智能天线和 RRU 分体通过电缆连接的方式有一些缺点，例如，9 条上跳线均需要做好接头防水处理，大量的防水接头施工给工程带来极大的不便，造成安装困难的同时还降低了设备的稳定性；天线和 RRU 设备之间的线缆连接也使得基站室外美观性大大降低、站点选择及协调困难、周围居民抵触情绪较高；分别安装 RRU 和天线，耗费工时，安装复杂；8 个天线端口需要有很好的幅度和相位一致性，以便在智能天线的方向图合成中以及校准中获得准确的结果。在实际应用中，9根上跳线的幅相一致性以及长期户外应用中的稳定性和可靠性都难以保证。

一体化智能天线是将天线与RRU整合为一体的智能天线，此类天线是在普通双极化天线的基础上，外部结构做相应调整完成的，在电气性能、电性能测试等方面，与普通双极化天线一致。考虑到室外F、E频段的引入，一体化智能天线必将登上TD-SCDMA网络建设的舞台，成为智能天线发展的重要趋势之一。

趋势三：电调智能天线

目前，现网采用的智能天线均采用预置下倾和机械下倾相结合的方式来调整天线的下倾角。虽然这种方式也能满足覆盖要求，但在工程应用中也暴露了一些机械调下倾角无法克服的缺点，例如，调整下倾角困难；在网络优化的工程中，需要耗费大量的人力资源，调节效率低；由于采用机械下倾，站点在进行隐蔽工程时，隐蔽外罩需要预留较大的下倾角调节空间，造成隐蔽工程体积庞大；在大角度下倾时水平面覆盖产生畸变，且伴随交叉极化和主极化特性变差、水平面前后比与无下倾时趋势不一致等。

正是由于常规智能天线存在这些不可克服的缺点，电调智能天线的开发与应用将成为未来TD-SCDMA智能天线发展的重要趋势之一。电调智能天线有以下优点：可实现波束下倾角的连续动态调整，网络优化动态实时调整时不需要闭站，可以及时平衡覆盖、容量、干扰等多方面的矛盾；在结构上垂直安装，无须考虑下倾预留空间，安装件简单可靠，且便于美化；监控数据库保存各站址天线波束的调整数据和历史数据，便于结合远程监控分析和优化网络覆盖。

趋势四：介质智能天线

对于基站天线来说，小型化天线具有不可比拟的优势，它不仅可以降低机械承载、方便天线的安装，而且可以节省宝贵的天面资源，为多系统的天线共站提供了更加便利的条件；此外，也非常有利于天线美化和隐蔽工程。虽然目前的双极化智能天线尺寸已比最初的智能天线尺寸减少了一半左右，但还不能称之为小型化天线，小尺寸智能天线的研发和应用仍是智能天线未来的发展方向之一。

由于电磁波在不同的介质中传播特性也有所不同，介质的存在会影响电磁波的传播，利用这个特性，将低损耗高频介质作为填充材料，结合适当的天线结构，在选择适当形状、介电常数以及馈电方式的情况下，介质谐振器可以作为天线来使用。介质天线的一大优点就是在不改变天线性能的情况下，可以大幅度降低天线的尺寸。

介质智能天线就是将介质天线和智能天线相结合而制造出来的几何尺寸较小的智能天线。TD-SCDMA系统使用的智能天线是由多个天线单元组成的天线阵，介质材料的使用不仅可以减小单个天线单元的尺寸，还可以减小天线单元之间的间距，从而减小智能天线的整体尺寸。小型化的介质智能天线不仅减小了天线尺寸，同时还降低了成本，便于实际工程安装，对环境的影响减小，有很强的实际可操作性。

近些年来，在微波系统小型化的推动下发展起来的介质微波器件已在无线领域得到了广泛的应用，与此同时，普通型介质天线特别是微带介质天线的应用也有了长足的发展。介质天线的应用技术成熟可靠，也为未来介质智能天线的推出起到很好的作用。

13.1.2　基站 RRU 侧的驻波比告警

【内容描述】

本节以"深圳市某基站RRU"故障案例为主线，我们在案例分析环节将故障定位在智能天线与RRU连接馈线部分。我们结合之前学到的RRU、智能天线相关知识，以及馈线、跳线、驻波比测试仪等工程技术知识，将理论运用于实践，学习在实际工作岗位中解决相应问题的思路和方法。

【学习要求】

（1）识记：馈线和跳线的区别和型号。

（2）领会：驻波比和回波损耗的区别。

（3）应用：驻波比测试仪的使用，馈头防水制作。

13.1.2.1　案例描述

深圳市在部署TD-SCDMA网络时，从远程机房网管OMC-B侧查看某一TD-SCDMA基站，发现RRU经常出现驻波比告警，严重影响整个区域工程开通和业务测试的进度，需要及时处理。

13.1.2.2　案例分析

从前面OMC软件的学习中我们了解基站RRU侧出现驻波比告警，从经验我们可以判断为基站馈线接头出现故障，问题点可能出现在室外馈头；TD-SCDMA基站工程建设中容易出现类似问题的位置包括天馈线接头制作工艺差、天馈线接头严重变形、跳线或馈线接头虚接、天馈线接头防水没有做好导致进水、跳线或天线安装时受损、跳线或天线驻波比过大等。

13.1.2.3　案例知识点精讲

TD-SCDMA网络工程建设一般分为室内建设部分和室外建设部分。室内部分建设主要包括主设备（基站BBU单元）、走线架、电源柜、电池组、传输接入设备、环境监控单元、防雷设施等；室外部分建设主要包括室外RRU、智能天线、室外供电防雷箱等。

（1）馈线和跳线

馈线和跳线的作用都是连接和输送信号，都是作为连接器件或者设备的介质。

馈线：在移动通信中用作传输射频信号的射频电缆。馈线用于连接基站设备和天馈系统，具有实现信号有效传输的功能，在工程建设当中，使用的馈线一般为同轴电缆。

馈线需要在收发射机之间将信号功率以最小的损耗传送，同时它本身不产生杂散干扰信号，所以传输线必须具有屏蔽功能。因此，馈线由橡塑外皮、屏蔽铜皮、绝缘填充层、镀铜铝心组成。主流馈线如图13-4所示。

常用的馈线一般分为8D、1/2普馈、1/2超柔、7/8

图13-4　主流馈线

主馈和泄漏电缆（5/4）等型号。

其中，8D和1/2英寸超柔主要用作跳线。

室内分布中一般使用1/2普馈和7/8馈线，基站上主要使用7/8馈线。

泄漏电缆5/4馈线一般在隧道中使用。

跳线：连接设备、器件的短电缆（或光纤）。其中有一种跳线与馈线区别不大，只是由于它的弯曲半径小、柔软，所以被用来连接馈线与天线，馈线与BTS设备。另一种跳线是光纤跳线，短距离连接光传输设备。光纤跳线因为通过光电转换，光在传输中几乎零损耗，所以它将损耗降到最低。

跳线还可以分为室内跳线和室外跳线。避雷器到合路器的连接线被称为室内跳线，一般长度为3m，常用的接头有7/16DIN型、N型，有直头，也有弯头。室外跳线又称为天线小天线，是连接7/8主馈线与天线下接口的连接线。室内跳线一般是软跳线，不适合在室外使用，所以在资源充足的情况下，不要用室内跳线换室外跳线。另外，室内、室外跳线接头有机压头和手工头两种。机压头跳线如图13-5所示。

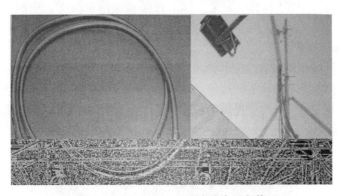

图13-5 TD-SCDMA基站跳线及安装

（2）驻波比和回波损耗

驻波比（VSWR）：微波传输过程中，最大电压与最小电压的比值被称为驻波比。它也是行波系数的倒数，其数值在1到无穷大之间。驻波比为1，表示阻抗完全匹配，是连接的理想状态；驻波比为无穷大表示全反射，完全失配。在移动通信系统中，特别是TD-SCDMA网络中，中国移动一般要求工程施工驻波比小于1.5，但实际应用中VSWR应小于1.2。过大的驻波比会减小基站的覆盖并造成系统内干扰加大，影响基站的服务性能。

在实际TD-SCDMA网络建设过程中，经常需要用驻波比测试仪来测试驻波比，驻波比与发射功率损失率详细对比见表13-1。驻波比是反映系统或单个部件的反射系数，用以考量系统反射功率的情况。过多的反射功率会降低系统效率，增加设备负荷。被反射的能量越多，发射出去的能量就越少，但小量的反射是可以接受的。

表13-1　驻波比与发射功率损失对比表

驻波比	发射功率损失%
1.1	0.23%
1.2	0.83%
1.3	1.70%
1.4	2.78%
1.5	4.00%
1.6	5.33%
1.7	6.72%
2.0	11.11%
4.0	36.00%

回波损耗（RL，Return Loss）又被称为反射功率，它是反射系数绝对值的倒数，以分贝值表示，单位是dB。RL和驻波比可以有以下换算，$RL=-20 \lg [(VSWR-1)/(VSWR+1)]$。回波损耗的值在0dB到无穷大之间，回波损耗越小表示匹配越差，回波损耗越大表示匹配越好。0表示全反射，无穷大表示完全匹配。在移动通信系统中，中国移动一般要求回波损耗大于14dB。

（3）Site Master操作简介

Site Master（驻波比测试仪）能够测量回波损耗或驻波比，定位电缆损耗和长距离故障，用于检出和定位电缆及天线系统的故障，极大地加强了基站系统的维护方法，缩短了新基站所需要的安装调试时间，大大提高系统的可用性，使用户满意，为运营商创收。常见的驻波比测试仪如图13-6所示。

图13-6　Site Master S331/2B外观图

Site Master S331（单端口）简易菜单操作步骤如下（以GSM设备测试为例）。

① 步骤1：开机按提示操作。

② 步骤2：设频段范围。

③ 步骤3：校正。

④ 步骤4：设置馈线特性。

⑤ 步骤5：保存数据。

📖 学习小贴士

目前中国移动TD-SCDMA网络建设已经进行到第五期了，光纤拉远基站已经基本普及。室外天馈部分用到馈线的地方只有两个：一是RRU和天线之间，即上跳线；二是GSP馈线，从室外GPS接收器到室内BBU设备之间的馈线。

13.1.2.4　故障处理过程

当确定驻波比出现告警故障后，我们来到站点现场，利用Site Master（驻波比测试仪）做以下测试。

① 使用Site Master表测试故障Path，分段测试定位故障。

② 检查故障发生处的接头，确定其连接牢靠；但是发现接头制作不符合规范。即连接处虽然有防水装置，但是防水工艺制作质量很差，不符合相关制作规范，我们怀疑接头处可能进水，导致天馈线驻波比过高。

③ 拆掉驻波比过高的小区馈线原防水装置，重新更换新馈线，并按照中国移动室外防水制作规范标准实施防水制作。

④ 重新测量驻波比，比值为1.2，符合规范；原驻波比告警消失。

📖 注意

解决天馈线问题应确保工程建设质量，做好室外馈线接头防水工作；同时从设备的日常维护上入手，定期对天馈线进行检查、测试，发现问题及时处理。

思考与拓展

在TD-SCDMA移动通信网络工程建设中，拉远基站的应用越来越多，馈线的使用越来越少，如何制作馈头，室外馈头防水制作有哪些规范和要求。

📖 大开眼界

日本Anritsu（安立）公司成立于1895年，是一家120多年历史的创新通信解决方案的全球供应商。

在中国移动通信工程建设中我们经常能看到Anritsu Site Master，该设备用于检出和定位电缆及天线系统的故障。它不仅能在事发后检测出故障位置，无论是电缆、接头，还是天线，如果试用Anritsu提供的数据管理软件（Site Master Software Tool），还可以预防故障。这里我们主要给大家介绍Anritsu Site Master S331/2B的外观及按键功能。S331/2B的外观前面板图如图13-7和图13-8所示。

RS-232接口
为进一步分析，可通过一根串行电缆下载
存储的数据到个人计算机上，或者通过打
印机打印输出。用笔记本电脑可以在野外
自动控制和收集数据，使用调制解调器，
还可实现远程操作

坚固的外壳设计
坚固的、轻的并且高度紧凑的外壳，非常
适合手持操作和野外环境。为了携带方便
和对意外情况的保护，还提供了一个软背包

高分辨率大屏幕显示
高分辨率（640×480）的显示特性，对比
度可调和背景灯能力，使得显示内容在各
种光线条件下都很容易清晰可见

体积
公制：25.4cm×17.8cm×6.10cm
英制：10in×7in×2.4in

功能键
个专用的功能键简化了测量任务

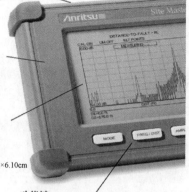

图13-7　S331/2B 外观——前面板（1）

软键
友好的软功能键菜单和用户界面

设置存储(SAVE SETUP)
可保存10个校准和测试设置，使得重复、
多用途测试能够更加方便、快速、准确

极限线(LIMTT)
建立一个简单、快速的通过/失败测量

全量程的标记能力(MARKER)
更快、更全面的测量

显示存储(SAVE DISPLAY)
多达200个内存位置给测量数据。可以
用字母数字来命名测量数据。自动附
加时间和日期信息，简化了日期管理

电缆列表
可快速选择已有测试参数的电缆。Site Master特有的弹出式菜
单，包含了行业中最流行的70多种电缆，并预设了3个频段，
使得测量更加准确

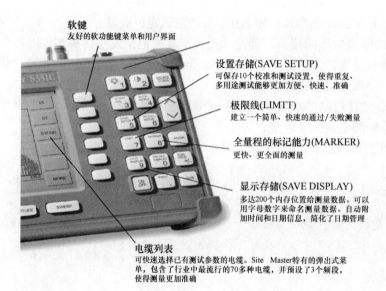

图13-8　S331/2B 外观——前面板（2）

13.1.3　GPS 规划不合理

【内容描述】

本节以"深圳市华强北附近GPS"故障案例为主线，我们通过案例分析发现GPS出现问题。我们认识了TD-SCDMA与GPS的重要关系，结合GPS常见故障的分析、GPS工程规范技术知识，将理论运用于实践，学习在实际工作岗位中解决相应问题的思路和方法。

【学习要求】

（1）识记：GPS与TD-SCDMA的关系。

（2）领会：常见GPS故障点。

（3）应用：GPS安装、规范。

13.1.3.1 案例描述

深圳市华强北附近有一个新建的TD-SCDMA站点，站型为S9/9/9/。工作人员在割接入网后发现设备始终存在GPS状态和时钟源不可用的告警，影响小区业务。我们需要消除告警，恢复小区业务。

13.1.3.2 案例分析

TD-SCDMA网络中，基站GPS同步失效的原因如下。

（1）GPS信号受到外界干扰

GPS信号从卫星发射到地面后变得非常微弱，所以很容易受到外界干扰，很多因素都会对GPS信号造成干扰，如外太空太阳耀斑的干扰、电离层和大气环境的干扰、雷电等异常天气的影响等。存在干扰的情况下，接收机接收卫星的信号质量会变差，信噪比降低，误码率上升，某些时候就会导致地面接收器接收不到卫星信号。

（2）工程施工原因

大规模建站时，如果GPS天线安装存在遮挡，GPS天线未满足净空120°要求，或者施工工艺问题造成馈线阻抗过大、馈线头工艺出现问题、馈线进水等因素，使得基站侧接收到的GP S信号较弱，影响基站正常工作。

（3）GPS子卡出现故障

GPS子卡出现故障，导致卫星接收出现故障、卫星接收状态出现异常、空口时钟1pss信号丢失，空口时钟源不可用，我们可以通过更换GPS子卡解决。美国GPS升级之后，个别GPS子卡出现时钟偏移故障。长期同步失效导致基站间出现定时偏差，定时偏差过大将影响手机邻区搜索、小区切换、下行导频时隙（DwPTS）对上行导频时隙（UpPTS）干扰和业务时隙交叉，出现系统内干扰，严重时将造成接入失败、掉话等现象，无法进行正常的通信，这些将严重影响用户在网络中的感受。

对于前两类问题通常会在网管上出现硬件告警，定位方法也相对容易；对于GPS子卡失步故障造成的系统内部干扰，定位相对比较困难。目前，通过干扰统计分析和长期测试积累，已经可以通过分析干扰时隙TS1、TS2的ISCP来大致定位问题站点，同时工作人员在现场也可使用扫频仪测量到GPS子卡失步故障的多种情况，如GPS子卡时钟前失步，后失步、时变失步等多种故障。

从本故障案例来看，我们根据获得的时钟源不可用告警推断，推断具体故障点可能为以下几个位置。

① GPS接收天线出现故障，无法接收GPS信号，导致时钟中断，设备显示时钟源告警。

② GPS与BCCS板间的跳线问题，GPS信号如法传送导致时钟中断，设备显示时钟源告警。

③ BCCS单板问题，GPS天线无法接收GPS信号，设备显示时钟源告警。

④ GPS天线被遮挡，无法接收GPS信号，导致时钟中断，设备显示时钟源告警。

13.1.3.3 案例知识点精讲

过去人们对全球卫星定位系统这个名词的印象，往往只出现在一些非常特殊的领域，如民航机、远洋船舶的导航系统等，与一般人的日常生活并没有太大关系，勉强来说，顶多是一些顶级的轿车配备有汽车卫星导航系统（Car Navigation System）而已。

（1）何为GPS

全球定位系统（Global Positioning System，GPS）是20世纪70年代由美国陆、海、空三军联合研制的新一代空间卫星导航定位系统。研制初衷是为军队作战行动提供服务，主要目的是为陆、海、空三大领域提供实时、全天候和全球性的导航服务，并用于情报收集、核爆监测和应急通信等军事目的，经过20余年的研究实验，美国耗资300亿美元，到1994年3月，全球覆盖率高达98%的24颗GPS卫星星座布设完成。随着社会发展和科学技术的进步，GPS技术如今已被广泛用于航天、航海、测量和勘察诸多领域，应用形式也变得多种多样，GPS免费向公众开放，人们称GPS是继计算机之后的又一场技术革命。

GPS全球地面连续覆盖，卫星数目较多且分布合理，从而保障了全球、全天候连续实时导航与定位的需要。同时GPS功能多、精度高，可为各类用户连续地提供高精度的三维位置、三维速度和时间信息，且实时定位速度快。

目前GPS接收机的一次定位和测速工作在一秒甚至更少的时间内便可完成，这对高动态用户来讲尤其重要。由于GPS系统采用了伪码扩频技术，因而GPS卫星所发送的信号具有良好的抗干扰性和保密性。GPS提供的同步时钟可以输出每秒一次包括年、月、日、时、分、秒在内的完整UTC时间信息，也可以为移动通信网络提供准确的时间信息。

（2）TD-SCDMA与GPS关系

在3G标准中，TD-SCDMA和CDMA2000均是基站同步系统，其中TD-SCDMA系统为了增加系统容量，优化切换过程中小区搜索的性能，是全网同步系统。它要求所有基站之间严格保持时间同步。移动终端和基站信令流程、小区间切换、位置更新等都需要精确的时间控制，因此同步问题就是TD-SCDMA通信系统的"心跳"。TD-SCDMA系统中的同步技术主要由两部分组成，一是基站间的同步（Synchronization of Node Bs）；二是移动台间的上行同步技术（Uplink Syncronization）。

目前中国移动的TD-SCDMA网络借助于卫星同步系统（GPS）来实现基站同步。

（3）GPS位置规划要求

GPS的工作频率是1575.42MHz，从结构上包括蘑菇头、射频线、中继放大器、防雷器、功分器、卫星接收处理单元、主板等。

GPS天线对于TD-SCDMA系统尤为重要，GPS接收天线的位置好坏决定了整个TD-SCDMA系统的质量。GPS位置规划相关要求如下。

① 安装GPS天线位置的视野要开阔，周围没有高大建筑物阻挡，距离小型附属建筑的楼顶应尽量远，安装GPS天线平面的可使用面积越大越好，天线竖直向上的视角应大于90°。

② GPS天线的位置不要受移动通信天线正面主瓣近距离辐射，也不要位于微波天线的微波信号、高压电缆以及电视发射塔的强辐射下。

③ 天线馈线发货长度有多种规格，确定安装位置时需考虑馈线长度。

④ 从防雷的角度考虑，GPS安装位置应尽量选择楼顶的中央，尽量不要安装在楼顶四周的矮墙上，一定不要安装在楼顶的角上，楼顶的角最易遭到雷击。

⑤ GPS天线安装位置的附近应有专门的避雷针或类似的设施，如电信铁塔。GPS天线应处在避雷针的有效保护范围内，即GPS天线接收头与避雷针或铁塔顶端的连线与竖

直方向的夹角小于30°～45°。若GPS天线安装附近无铁塔或避雷针，则应安装专门的避雷针，以满足建筑防雷设计要求。避雷针距GPS天线水平距离在2～3m为宜，并且应高于GPS天线接收头0.5m以上。

学习小贴士

在实际工程建设中，GPS不必另设防雷针，但其应该在智能天线防雷针的保护区域内。

13.1.3.4　故障处理过程

根据之前的案例分析思路，我们依次进行以下排查。

步骤1：工作人员到达现场后，首先检查GPS的安装环境，发现天线未受到遮挡；再排查是否因为GPS接收天线出现问题导致GPS出现告警。

步骤2：检查GPS与BCCS板间的跳线是否出现问题，考虑到更换跳线比较麻烦，首先尝试更换MPT单板，更换后经过一段时间的观察后发现仍然存在时钟源不可用的告警信息，更换GPS天线后，问题仍旧不能解决。工作人员只能重新从机房布放新跳线，将GPS天线安装到新布放的跳线上，发现时钟源告警还是存在。

步骤3：由于GPS系统都进行了更换仍然无法恢复告警，因此工作人员再次检查了周围环境，发现GPS天线虽然无遮挡，但是正好在旁边大楼（较安装GPS的楼层较低）的卫星信号接收天线的方向上。由此，工作人员确定了故障点的位置。由于该GPS位置是由中国移动设计院提供的，经过与设计院沟通，进行了设计变更，重新更换GPS天线的位置，更换后告警消除，该问题解决。

注意

工作人员在对GPS天线环境检查过程中，除了需要注意检查GPS上方的环境外，同时还需要注意检查GPS的低处环境，避免出现案例中的情况。另外施工安装过程中，工作人员应该严格按照设计图纸进行施工，但是在发现设计图纸与实际对比有出入后，必须先经过设计变更后才能进行相应的修改。

思考与拓展

在TD-SCDMA移动通信网络中，GPS起到了举足轻重的作用。目前中国移动在全国大规模新建PTN网络，后续TD-SCDMA网络将可能采用PTN网络的时钟，此时钟与GPS相比优势在哪里呢？

大开眼界

通信领域中对于高精度时间同步的需求主要来自CDMA基站和TD-SCDMA基站，TD-SCDMA基站工作的切换、漫游等都需要精确的时间控制，因此同步问题对于移动通信的重要性不言而喻。

然而GPS由美国军方开发和控制，归美国政府所有；因此这种方法自主性差，也带来一些不稳定因素。

目前有两种替代GPS提供高精度时间同步的方式：① 采用我国自主研发的北斗卫星授时系统，② 通过地面传输网络提供高精度的时间传递，以保障CDMA网络和TD-SCDMA网络的安全可靠性。例如，传输网络时钟在提取上依据IEEE 1588标准提供一个全面的地面时钟替代GPS解决方案。

无论TD网络今后采用哪种方案，保障网络性能离不开对基站同步原理的深入研究。从国家战略角度考虑，北斗卫星替代方案的推广势在必行，这期间会遇到同样的问题，因此对于基站同步性能的研究无论是现在还是将来都具有十分重要的意义。

中国北斗卫星导航系统系统简介如下。

中国北斗卫星导航系统作为中国独立发展、自主运行的全球卫星导航系统，是国家正在建设的重要空间信息基础设施，可广泛用于经济社会的各个领域。

北斗卫星导航系统能够提供高精度、高可靠的定位、导航和授时服务，具有导航和通信相结合的服务特色。通过19年的发展，这一系统在测绘、渔业、交通运输、电信、水利、森林防火、减灾救灾和国家安全等诸多领域得到了应用，产生了显著的经济效益和社会效益，特别是在四川汶川、青海玉树抗震救灾中发挥了非常重要的作用。

中国北斗卫星导航系统是继美国GPS、俄罗斯格洛纳斯、欧洲伽利略导航系统之后，全球第四大卫星导航系统。北斗卫星导航系统2012年将覆盖亚太区域，2020年将形成由30多颗卫星组网，具有覆盖全球的能力。高精度的北斗卫星导航系统实现自主创新，既具备GPS和伽利略系统的功能，又具备短报文通信功能。

北斗卫星导航系统的建设目标是：建成独立自主、开放兼容、技术先进、稳定可靠的覆盖全球的北斗卫星导航系统，促进卫星导航产业链形成，形成完善的国家卫星导航应用产业支撑、推广和保障体系，推动卫星导航在国民经济社会各行业的广泛应用。北斗卫星导航系统由空间段、地面段和用户段三部分组成，空间段包括5颗静止轨道卫星和30颗非静止轨道卫星，地面段包括主控站、注入站和监测站等若干个地面站，用户段包括北斗用户终端以及与其他卫星导航系统兼容的终端。

◢◢ 13.2　传输类故障

13.2.1　深圳大梅沙铠甲光纤故障案例

【内容描述】

本节以"深圳市大梅沙铠甲光纤"故障案例为主线，在案例分析环节将故障定位在室外铠甲光纤部分。我们结合之前学到的BBU和RRU的组网知识，以及铠甲光纤介绍、光纤故障分类及简单故障判定等工程技术知识，将理论运用于实践，学习在实际工作岗位中解决相应问题的思路和方法。

【学习要求】

（1）识记：光纤常见分类。

（2）领会：光纤拉远的意义。

（3）应用：光纤简单故障定位方法。

13.2.1.1 案例描述

深圳市盐田区大梅沙新建了一个TD-SCDMA站点，基站名称为梅沙医院；该站点为S3/3/3站型，但该站点的第一小区无法建立，RRU未正常工作。从现场基站告警来看，BBU上的第一小区端口指示灯异常。由于影响站点验收，该问题必须及时处理。

13.2.1.2 案例分析

从案例描述中，我们发现BBU上第一小区端口指示灯异常，可以初步估计故障点可能与BBU相关；经过上文TD-SCDMA相关知识的学习我们了解，引起该故障常见的原因有以下几种。

① BBU的脚本错误或BBU硬件故障。

② BBU上的光模块故障未正常工作。

③ 与BBU相连的铠甲光纤出现故障，如铠甲光纤内部出现断裂点。

④ 与BBU相连的RRU硬件出现故障。

13.2.1.3 案例知识点精讲

（1）基站拉远

光纤拉远是将基站的射频单元部分与主基站的数字部分分离，通过光纤连接将其拉远到其他区域，RRU和BBU组网基站俗称光纤拉远基站。BBU一般处于室内，RRU处于室外，因此它们之间是通过一根铠甲光纤连接的；其连接示意如图13-9所示。

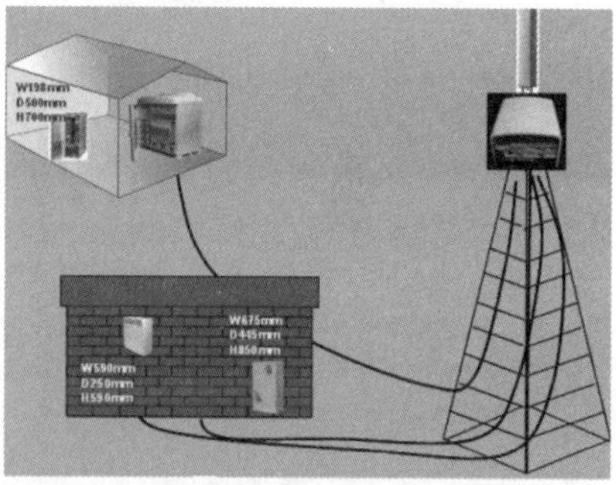

常用光纤的接头类型如图13-10所示。

图13-9 BBU和RRU连接示意

（2）铠甲光纤简介

铠甲光纤（野战光纤）是在光纤的外面再裹上一层保护性的"铠甲"，主要用于满足客户防鼠咬、防潮湿等要求。在TD-SCDMA基站建设中，BBU至RRU的光纤经常是铠甲光纤，如图13-11所示。

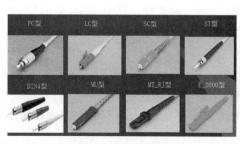

图13-10 光纤接头类型

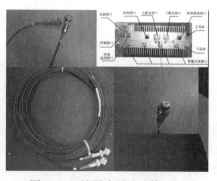

图13-11 铠甲光纤及连接

（3）光纤故障简介

当光纤铺设完成，以及各个光纤连接器和节点连接完毕，我们打开设备的光发射和光接收模块，如果光发射机和光接收机工作正常，此时，如果出现信号不通的现象，此时就要检查光路互连和铺设是否存在故障。如何简单判定光路互连和铺设的故障？如何简单处理光纤现场问题？这是本节要讨论的问题。

光功率计是一种检测光传输功率大小的仪器。当光路出现异常时，我们可以先用光功率计检查光纤上光功率的衰减量。如果光功率存在异常，我们可以基本确定光纤存在问题，否则，是设备故障。如果用光功率计测量光衰减较大，我们可以初步判定连接器插针端面污染或光纤铺设出现故障。

1）绑扎故障

光纤在铺设时，如果大力绑扎光纤的固定位置，且光纤被固定到不规则的平面上，光纤外又不加防护时，很容易造成光纤绑扎出现故障；该故障如果不严重，解开故障绑扎，光纤可以恢复正常；如果故障比较严重，可能会导致光纤断裂，使通信线路中断。

2）弯曲故障

光纤在铺设时，如果光纤拐弯位置的弯曲半径较小，这样容易造成光纤弯曲故障；该故障如果不严重，重新对光纤进行正确的弯曲固定，光纤即可恢复正常；如果故障比较严重，可能会导致光纤断裂，使通信线路中断。

3）压力故障

光纤在铺设时，如果光纤上堆放了重物或有重物从光纤上压过，则会导致光纤传输信号出现异常或故障；如果情况不严重，一般待光纤恢复后可以进行正常的光通信；如果情况严重，将会导致光纤折断。

📖 **学习小贴士**

铠甲光纤能大大加强 BBU 与 RRU 连接的可靠性；特别是在室外环境比较恶劣的区域，铠甲光纤的好坏决定了整个 TD-SCDMA 的网络质量。

13.2.1.4　故障处理过程

按照故障分析的内容，我们进行故障的排查和处理。

步骤 1：检查基站 BBU 的脚本，发现脚本无误，我们可判断故障不是第一小区 BBU 脚本错误导致的。

步骤 2：检查 BBU 上的光模块是否正常。由于第二小区和第三小区均正常，所以在 BBU 的光纤插入口处分别调换第一小区和第二小区的光纤；结果原第一小区仍然存在故障，原第二小区正常，这说明本端光模块无问题、BBU 单板无问题，因此问题只能发生在 BBU 光纤口以外的区域。

步骤 3：检查与 BBU 相连的 RRU 硬件故障。我们以经验判断 RRU 硬件故障发生率低，则先锁定为光纤出现问题，或者 RRU 上的光模块出现问题。

步骤 4：到 RRU 侧调换新的光模块，故障依旧存在；则最终确定为 BBU 和 RRU 之间的铠甲光纤出现故障。

步骤5：检查与BBU相连的铠甲光纤是否出现故障。考虑到施工难度，我们最后联系施工队，调到新的铠甲光纤，先进行临时布放，定位故障。连上新光纤后，RRU正常，Path通路正常，小区信号正常，故障问题得到解决。

注意

光纤非常脆弱，特别是在RRU的接口处的光纤更加脆弱，如果工程施工人员拧光纤的劲过大，容易导致光纤断裂,现场光纤施工应小心注意,保证现场线缆和设备的安全。

思考与拓展

TD-SCDMA室外施工经常用到铠甲光纤以应对室外恶劣的环境，那TD-SCDMA室内分布系统拉远光纤工程建设如何实施，也采用铠甲光纤吗？

13.2.2　Node B 侧 E1 接成"鸳鸯线"导致基站时通时断

【内容描述】

本节以"北京市某TD基站传输"故障案例为主线，我们在案例分析环节将故障定位在E1线部分。我们结合之前的与TD-SCDMA相关知识，以及E1知识、机房传输接入等工程技术知识，将理论运用于实践，学习在实际工作岗位中解决相应问题的思路和方法。

【学习要求】

（1）识记：TD-SCDMA网络结构、E1基础知识。

（2）领会：TD-SCDMA机房传输接入方式。

（3）应用：常见E1线缆接头。

13.2.2.1　案例描述

北京市某基站从OMC-B 远程登录和数据下发时均显示正常，基站小区和载频建立正常。隔天发现该基站无法登录并且Ping不通，并且提示"连接网元失败"无法登录，工作人员反复登录时发现信号时通时断，且通断时长没有任何规律。

13.2.2.2　案例分析

从该故障现象描述来看，我们基本可以确定是传输链路出现故障，导致IPOA链路无法建立连接；出现远程无法登录目标基站的情况。经分析，造成故障的原因可能有以下几种。

① 基站传输供电出现问题，导致基站传输设备工作不稳定，传输信号时断时连，工作人员远程时，有时能登入，有时不能登入。

② 基站传输设备出现故障，工作不稳定，导致传输时断时连，工作人员在远程时一会能登入，一会不能登入。

③ 基站数据配置不正确，导致工作人员在远程时一会能登入，一会不能登入。

从工程经验来判断，基站传输出现故障的可能性最高。

13.2.2.3 案例知识点精讲

信息在发起端通过终端接入设备、传输链路、交换设备以及相应的信令系统、通信协议和运行支撑系统的共同协作，到达接收端，完成通信的全过程。在此过程中信息要经过各个具体网络、设备、协议，我们将这些总和称为全程全网。现代通信网络类型多样，功能复杂，每个具体的通信网络都有自己的特点，例如，我们学习的 TD-SCDMA 移动通信技术只是移动无线接入网的一种。

（1）E1 简介

E1 线路是 PDH（准同步数字体系）中的一个名词，是欧洲的通信标准。欧洲的 30 路脉码调制 PCM 简称 E1，速率是 2.048Mbit/s 。E1 的一个时分复用帧（其长度 T=125us，即取样周期 125us）共划分为 32 个相等的时隙，时隙的编号为 CH0 ～ CH31。其中时隙 CH0 用作帧同步用，时隙 CH16 用来传送信令，剩下 CH1 ～ CH15 和 CH17 ～ CH31 共 30 个时隙用作 30 个话路，每个时隙传送 8bit 的数据，因此共用 256bit 的数据。每秒传送 8000 个帧，因此 PCM 一次群 E1 的数据率就是 2.048Mbit/s。

E1 线缆实物如图 13-12 所示。

刺刀螺母连接器（Bagonet Nut connectior，BNC）接头是一种用于同轴电缆的连接器同时又被称为 British Naval Connector（英国海军连接器，可能是英国海军最早使用这种接头）或 Bayonet Neill Conselman（Neill Conselman 刺刀，这种接头是一个名叫 Neill Conselman 的人发明的）。BNC 接头如图 13-13 所示。

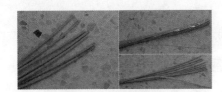

图13-12　E1线缆

图13-13　BNC型E1传输设备插头（Male）

L9 型接头（DDF 侧常用的同轴连接器），俗称西门子同轴头，因西门子 DDF 架使用的同轴连接器而得名。它具有螺纹锁定机构射频同轴连接器、连接尺寸为 M9×0.5。L9 连接器的导体接触件材料为铍青铜、锡磷青铜，连接器内导体接触区域的镀金厚度不小于 2.0um。L9 是国内的叫法，国际上被称作 1.6/5.6 同轴连接器；常用于中心机房的 DDF 传输机架。L9 型 E1 传输连接插头（Male）如图 13-14 所示。

L9 型 E1 传输连接插头（Female）如图 13-15 所示。

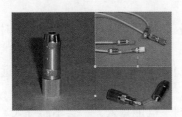

图13-14　L9型E1传输连接插头（Male）

图13-15　L9型E1传输连接插头（Female）

（2）机房传输接入

我国通信系统基本沿用欧洲的通信标准，因此E1是中国电信内部使用最多的一种电路类型。机房传输接入一般采用的方式为：用户侧和电信运行商各放置一个PDH（常叫光端机），PDH之间用光纤连接，用户侧PDH输出E1中继电缆，输出阻抗有75Ω、120Ω，一般都是75Ω，中继电缆连接用户的转接器把E1转成V35接口供路由器使用，如果用户路由器支持E1的话可以不用转化。在运行商内部PDH输出E1电缆，然后接到内部SDH（同步数字体系）输出的E1电路，接入电信传输网，经过电信运行商的光传输网，到达目的地。TD-SCDMA网络中Node B与RNC传输连接示意如图13-16所示。

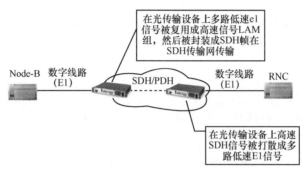

图13-16　Node B与RNC传输连接示意

以中兴B328设备为例，机柜顶E1接入如图13-17所示。

E1接口对接时，双方的E1不能有信号丢失、帧失步、复帧失步、滑码告警，但是双方在E1接口参数上必须完全一致，因为个别特性参数不一致时，指示灯或者告警台上不会有任何告警，但是会造成数据通道的不通、误码、滑码或失步等情况。这些特性参数主要有阻抗、帧结构、CRC4校验，阻抗有75ohm和120ohm两种，帧结构有PCM31、PCM30、不成帧3种；在新桥节点机中将PCM31和PCM30分

图13-17　CC4Y型E1传输设备连接插头

别描述为CCS和CAS，设备对接时要告诉网管人员选择CCS，是否进行CRC校验可以灵活选择，关键要双方一致，这样采用可保证物理层的正常。

📖 学习小贴士

　　T1和E1是物理连接技术，是数字网络，可以选用同轴电缆也可以选用光纤，T1是美国标准，1.544Mbit/s，E1是欧洲标准，2.048Mbit/s，我国的专线一般都是E1，然后根据用户的需要再分配信道（以64bit/s为单位）。

13.2.2.4　故障处理过程

　　根据故障分析结果，现场工作人员直接进入基站机房，进行基站近端调测；现场工作人员完全排除基站电源问题和站点数据配置问题。基站配置4E1，故着手重点排查基站传输问题。

步骤1：现场工作人员进入基站机房后，检查电源及设备均工作正常，排除基站电源问题和设备故障问题。

步骤2：故障定位为基站传输设备数据配置不正常，经工作人员检查发现E1线接错，出现"鸳鸯线"，具体排查方法如下。

"DSP E1T1"显示E1正常，然后分别环断每条E1，断E1－1后其他3E1均正常；断E1－2后其他3E1均正常；断E1－3后E1－3和E1－4故障；断E1－4后E1－3和E1－4故障。根据环断现象我们可以判断：基站E1－3和E1－4接成"鸳鸯线"——收发互相交叉。

步骤3：重新核对E1线的收发，正确复位E1－3和E1－4的接收端，基站恢复正常，远程能够登录管理，传输故障解除。

📖 注意

E1故障有时观察"DSP E1T1"状态时不能完全定位，需要现场配合单独通断每条E1来定位。现场开局发现：基站部分E1接成"鸳鸯线"会导致信号时通时不通现象，如果E1成对错接到其他E1口（例如，把E1－4成对接到E1－3，而E1－3成对接到E1－4口）则不影响基站工作。

思考与拓展

E1一般接2Mbit/s的线路，或是从光端机出来后用于带宽的拆分，如把一个10Mbit/s的线路分成4个2Mbit/s等，请问为什么是4个2Mbit/s而不是5个2Mbit/s呢？

📖 大开眼界

常见同轴连接器简介

同轴连接器传输射频信号，其传输频率范围很宽，可达18GHz或更高，主要被用在雷达、通信、数据传输及航空航天设备等方面。同轴连接器的基本结构包括中心导体（阳性或阴性的中心接触件）；内导体外的介电材料，或称为绝缘体；最外面是外接触件，该部分起着与同轴电缆外屏蔽层一样的作用，即传输信号、作为屏蔽或电路的接地元件。同轴连接器主要分为SMA、SMB、BNC、TNC、SMC、N型、BMA等，如图13-18所示。

同轴连接器的通用常识如下。

① Male：公接头，螺纹在内，里面是针。如TNC(M)，如图13-19所示。

图13-18　常见同轴连接器示意

② Female：母接头，螺纹在外，里面是一个洞。如SMA（F），如图13-20所示。

图13-19　TNC（M）接头

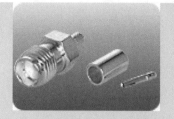
图13-20　SMA（F）接头

③ RP：Reverse Polarity 的意思是头和里面的针是相反的，如图13-21所示。

④ Bulkhead：是可将螺丝锁在板子上的接头，含华司、螺冒及挡墙，如图13-22所示。

图13-21　PP接头

图13-22　SMA FEMALE BULKHEAD

⑤ PCB：有脚的，可以焊接在板子上的接头，如图13-23所示。

⑥ Panel：有螺丝孔，可用螺丝锁在板子上的接头，通常有4孔和2孔之分，如图13-24所示。

图13-23　SMA FEMAL PCN

图13-24　SMA PANEL MOUNT

以下以L9型DDF数字配线电缆头为例，介绍制作接头主要方法。

① 准备工具：斜口钳、剥线钳、六角压线钳、烙铁、焊锡，如图13-25所示。

使用注意事项：制作过程中使用带接地的烙铁并保证接地良好，或将要制作的电缆与设备分离，防止漏电烧坏设备。

② 制作步骤①剥线：使用剥线钳将线缆绝缘外层剥去，如图13-26所示。

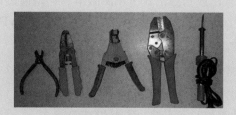
图13-25　电缆头制作工具

图13-26　剥线

③ 制作步骤② 焊接芯线：依次套入电缆头尾套，压接套管，将屏蔽网（编织线）往后翻开，剥开内绝缘层，露出芯线，长度为2.5mm，将芯线（内导体）插入接头，注意芯线必须插入接头的内开孔槽中，最后上锡，如图13-27所示。

④ 制作步骤③ 压线：将屏蔽网剪齐，剩余约6.0mm，然后将压接套管及屏蔽网一起推入接头尾部，用六角压线钳压紧套管，最后将芯线焊牢，如图13-28所示。

图13-27　焊接芯线

图13-28　压线

⑤ 测试：做完线头后，用数字万用表进行测试并检查线头是否焊接好，避免虚焊、短接等问题。

13.3　软件版本类故障

站点版本升级导致个别小区建立不成功

【内容描述】

本节以"深圳市福田花园小区站点升级"故障案例为主线，在案例分析环节将故障定位在版本升级不成功。结合之前学到的TD-SDCDMA原理及基站设备相关知识以及基站版本升级等工程技术操作知识，将理论运用于实践，学习在实际工作岗位中解决相应问题的思路和方法。

【学习要求】

（1）领会：小区的建立过程。

（2）应用：版本升级操作步骤，复位的操作方式。

13.3.1　案例描述

某日对深圳市福田花园小区TD-SCDMA站点进行版本升级，版本由B141升级到B142。升级操作完成后，远程OMC网管已成功激活NODEB版本，但是通过LMT里面的DSPCELL查询小区状态时，发现个别小区建立不成功；通过DSP SOFTSTATUS查询时，提示处理进度一直保持在99%，版本却一直处于激活中。

13.3.2　案例分析

由于该问题出现在升级之后，且B142版本激活进度一直停留在99%，故障小区的RRU版本无法查询，则怀疑可能是软件等待时间不够，需要继续等待。

若长时间还是处于该状态，则有可能是升级过程中Node B与小区建立相关的关键设备出现异常，如RRU、TBPE、TORN等。

13.3.3 案例知识点精讲

（1）本地基站升级操作

1）使用LMT软件连接基站

我们通过用户名和密码使LMT软件连接到基站。

2）升级前的准备

版本确认：确认基站运行版本。若运行版本与现网版本不一致则需要升级运行版本。

告警查看：检查设备运行状态，查看各个需要升级的单板，确认基站无异常告警，若有告警需做记录，用于升级后对比。

3）升级操作

上传新版本：将新版本软件包上传至单板内的数据存储卡，放入备用版本。

激活新版本：选中"以后台为准"，激活软件版本包，基站进入自动重启过程。

4）RRU配置

基站重启成功后，进入数据配置，进行RRU数据配置。

5）RRU版本下载

RRU数据配置完成后，按照前面的步骤下载RRU新版本。

6）RRU版本激活

激活RRU新版本。

（2）复位

复位是TD-SCDMA网络维护中经常用到的一种方法。无论是Node B发起的复位还是RNC发起的复位，根据所带的参数不同，又具体分为以下3种。

① Node B/RNC CC(Communication Context)复位：这种复位是针对与通信上下文相关的某条无线链路进行的复位，即删除该无线链路资源；

② CCP（通信控制端口）复位：一条CCP对应一块TBPA单板。CCP复位是对整个TBPA单板上的专用资源进行的复位，这将删除与该单板相关的所有无线链路资源。

③ Node B复位：对整个Node B进行复位，将删除所有与该Node B相关的专用资源。一个Node B可能包括一块或多块TBPA单板，所以这条命令也相应地等同于一条或几条CCP复位消息。

📖 **学习小贴士**

基站升级一定要按照升级操作手册的流程来实施，并做好备份工作；如果升级不成功一定要在规定时间内做好回滚工作，以保障基站的正常运行而不影响整个网络质量。

13.3.4 故障处理过程

步骤1：工作人员来到故障基站现场，由于怀疑可能是等待时间不够，需要继续等待，故先排除是否为升级过程中Node B与小区建立相关的关键设备出现异常。

步骤2：通过查询相关基站设备升级前的告警LOG确定板卡无故障，故排除设备、单板故障。

步骤3：跟踪IUB口的消息信令，发现故障小区NODEB并未上报小区状态指示，导致该小区不能正常建立，于是继续等待。2小时后，B142版本软件激活进度仍一直停留在99%，故确定可能存在处理器溢出的问题。

步骤4：执行"RST SYS"命令，观察此时B142版本激活成功。此时查询RRU版本已成功升级，RRU状态正常，信令跟踪IUB口上立即收到该小区的LOCELL资源状态指示，小区完成建立。此基站版本升级故障排除。

 注意

熟悉小区建立的前提条件和流程，能够指导我们处理小区建立过程中的大部分故障。

▶▶ **13.4 项目总结**

通过本项目，我们可以了解UE的呼叫过程，也可以通过手机拨打测试来验证RNC与Node B数据配置的正确性，还能掌握拨打失败时如何进行故障定位与处理。本项目的学习我们对网络的验证、分析及故障处理有了全局观。

项目总结如图13-29所示。

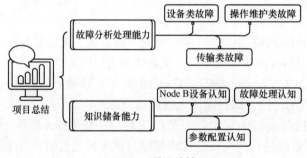

13-29　项目总结

思考与拓展

简单描述小区的建立过程。

附录A 英文缩略语

3GPP	3rd Generation Partnership Project	第三代合作伙伴项目
A		
AAL2	ATM Adaptation Layer type 2	适配层2
AAL5	ATM Adaptation Layer type 5	适配层5
ALCAP	Access Link Control Application Protocol	接入链路控制应用协议
AMC	Adapt Modulation Coding	自适应调制编码
ARQ	Automatic Repeat Request	自动重复请求
ATM	Asynchronous Transfer Mode	异步传输模式
AuC	Authentication Centre	鉴权中心
B		
BCH	Broadcast Channel	广播信道
BCCH	Broadcast Control Channel	广播控制信道
BER	Bit Error Rate	误比特率
BSC	Base Station Controller	基站控制器
BSS	Base Station Subsystem	基站子系统
BTS	Base Transceiver Station	基站收发机
C		
CCCH	Common Control Channel	公共控制信道
CCH	Control Channel	控制信道
CCPCH	Common Control Physical Channel	公共控制物理信道
CDMA	Code Division Multiple Access	码分多址
CM	Connection Management	连接管理
CN	Core Network	核心网
CQI	Channel Quality Indicator	信道质量指示
CRC	Cyclic Redundancy Check	循环冗余检验
CRNC	Controlling Radio Network Controller	控制的无线网络控制器

CS	Circuit Switched	电路交换
D		
DCA	Dynamic Channel Allocation	动态信道分配
DCCH	Dedicated Control Channel	专用控制信道
DCH	Dedicated Transport Channel	专用传输信道
DL	Downlink	下行链路
DOA	Direction Of Arrival	到达方向
DPCH	Dedicated Physical Channel	专用物理信道
DRNC	Drift Radio Network Controller	漂移无线网络控制器
DRNS	Drift RNS	漂移RNS
DS CDMA	Direct Spreading CDMA	直接扩频码分多址
DSCH	Down-link Shared Channel	下行共享信道
DTCH	Down-link Traffic Channel	下行业务信道
DwPCH	Downlink Pilot Channel	下行导频信道
DwPTS	Downlink Pilot Time Slot	下行导频时隙
F		
FACH	Forward Access Channel	前向接入信道
FDD	Frequency Division Duplex	频分双工
FP	Frame Protocol	帧协议
FPACH	Fast Physical Access Channel	快速物理接入信道
G		
GGSN	Gateway GPRS Support Node	网关支持节点
GMSC	Gateway MSC	网关移动业务中心
GPRS	General Packet Radio Service	通用分组无线业务
GPS	Global Positioning System	全球定位系统
GSM	Global System for Mobile Communication	全球移动通信系统
GTP	GPRS Tunneling Protocol	GPRS 隧道协议
H		
HARQ	Hybrid Automatic Repeat Request	混合自动重复请求
HLR	Home Location Register	归属位置寄存器
HSDPA	High Speed Downlink Packet Access	高速下行分组接入
HSS	Home Subscriber Server	归属用户服务器
I		
IMSI	International Mobile Subscriber Identity	国际移动用户标识码
IMT-2000	International Mobile Telecommunications2000	国际电信联盟命名3代移动通信系统
IP	Internet Protocol	因特网协议
ITU	International Telecommunication Union	国际电信联盟

L		
L1	Layer 1	层1
L2	Layer 2	层2
LAN	Local Area Network	本地网络
M		
MAC	Medium Access Control	媒质接入控制
MAP	Mobile Application Part	移动应用部分
ME	Mobile Equipment	移动设备
MGW	Media Gateway	媒体网关
MIB	Master Information Block	控制信息块
MM	Mobility Management	移动性管理
MPLS	MultiProtocol Label Switching	多协议标签交换
MSC	Mobile Services Centre	移动业务中心
MTP	Message Transfer Part	消息传输部分
MTP3-B	Message Transfer Part level 3	3级消息传输部分
M3UA	MTP3 User Adaptation Layer	MTP3用户适配层
N		
NAS	Non Access Stratum	非接入层
NBAP	Node B Application Protocol	Node B应用协议
O		
O&M	Operation and Maintenance	操作维护
P		
PC	Power Control	功率控制
PCCH	Paging Control Channel	寻呼控制信道
PCCPCH	Primary Common Control Physical Channel	基本公共控制物理信道
PCH	Paging Channel	寻呼信道
PDSCH	Physical Downlink Shared Channel	物理下行链路共享信道
PLMN	Public Land Mobile Network	公共陆地移动网
PRACH	Physical Random Access Channel	物理随机接入信道
PS	Packet Switched	分组交换
PSTN	Public Swithed Telephone Network	公共电话交换网络
PUSCH	Physical Uplink Shared Channel	物理上行链路共享信道
Q		
QAM	Quadrature Amplitude Modulation	正交幅度调制
QPSK	Quadri Phase Shift Keying	四相移键控
QoS	Quality of Service	业务质量
R		
RAB	Radio Access Bearer	无线接入承载

RACH	Random Access Channel	随机接入信道
RANAP	Radio Access Network Application Part	无线接入网应用部分
RAT	Radio Access Technology	无线接入技术
RL	Radio Link	无线链路
RLC	Radio Link Control	无线链路控制
RNC	Radio Network Controller	无线网络控制器
RNS	Radio Network Subsystem	无线网络子系统
RNSAP	Radio Network Subsystem Application Part	无线网络子系统应用部分
RNTI	Radio Network Temporary Identity	无线网络临时识别
RR	Radio Resources	无线资源
RRC	Radio Resource Control	无线资源控制
S		
SAP	Service Access Point	服务接入点
SC TDMA	Single Carrier TDMA	单载波时分多址
SCCP	Signalling Connection Control Part	信令连接控制部分
SCH	Synchronization Channel	同步信道
SCCPCH	Secondary Common Control Physical Channel	辅助公共控制物理信道
SCP	Service Control Point	业务控制点
SCTP	Simple Control Transmission Protocol	简单控制传输协议
SFN	System Frame Number	系统帧号
SGSN	Serving GPRS Support Node GPRS	服务支持节点
SIB	System Information Block	系统信息块
SRNC	Serving Radio Network Controller	服务无线网络控制
SRNS	Serving RNS	服务RNS
SS7	Signalling System No. 7	7号信令系统
SSCOP	Service Specific Connection Oriented Protocol	特定业务面向连接协议
STM	Synchronous Transfer Mode	同步传输模式
T		
TB	Transport Block	传输块
TBS	Transport Block Set	传输块集
TCP	Transfer Control Protocol	传输控制协议
TDD	Time Division Duplex	时分双工
TDMA	Time Division Multiple Access	时分多址接入
TD-SCDMA	Time Division Synchronous CDMA	时分同步码分多址接入
TFC	Transport Format Combination	传送格式组合
TFCI	Transport Format Combination Indicator	传送格式组合指示
TFCS	Transport Format Combination Set	传送格式组合集
TFI	Transport Format Indicator	传送格式指示

TFS	Transport Format Set	传送格式集
TPC	Transmit Power Control	发射功率控制
TSN	Transmission Sequence Number	传输序列号
TTI	Transmission Time Interval	传输时间间隔
U		
UDP	User Datagram Protocol	用户数据报协议
UE	User Equipment	用户设备
UL	Uplink	上行链路
UMTS	Universal Mobile Telecommunication System	陆地移动通信系统
UpPTS	Uplink Pilot Time slot	上行导频时隙
UpPCH	Uplink Pilot Channel	上行导频信道
USCH	Up-link Shared Channel	上行共享信道
UTRAN	Universal Terrestrial Radio Access Network	陆地无线接入网
V		
VC	Virtual Circuit	虚电路
VLR	Visitor Location Register	访问位置寄存器
W		
WCDMA	Wideband Code Division Multiple Access	宽带CDMA
WWW	World Wide Web	万维网

附录B　参考文献

[1] 高鹏，赵培，陈庆涛.3G技术问答[M].北京: 人民邮电出版社，2011.

[2] 魏红，游思琴.移动通信技术与系统应用[M].北京: 人民邮电出版社，2010.

[3] 孙社文.TD-SCDMA系统组建、维护与管理[M].北京: 人民邮电出版社，2010.

[4] 章伟飞.现代通信技术基础[M].北京: 人民邮电出版社，2010.